动态场景的三维信息获取
原理和技术

许丽 著

中国水利水电出版社
www.waterpub.com.cn
·北京·

内 容 提 要

本书较为全面地介绍了基于视觉的动态场景的三维信息获取的基本原理、基本技术和基本方法。全书共6章，内容包括绪论、实时编码光设计、结构光系统标定方法的研究、结构光系统误差传递分析与结构优化、稀疏数据的实时多场景配准、实时结构光实验系统。内容基本上涵盖了编码结构光技术的知识专题及发展动向。

本书内容新颖，语言精练，表述通俗，图文并茂，注重实践，系统性强。

本书可作为高等院校信息工程、计算机科学与技术、电子工程、信号与信息处理、模式识别与智能系统、生物医学工程、遥感等专业师生的教材，也可供计算机视觉、人工智能、机器人等相关领域的科技工作人员参考。

图书在版编目（CIP）数据

动态场景的三维信息获取原理和技术 / 许丽著. --
北京 : 中国水利水电出版社，2018.8 （2025.4重印）
　ISBN 978-7-5170-6728-3

　Ⅰ．①动… Ⅱ．①许… Ⅲ．①计算机视觉—信息资源
—信息获取 Ⅳ．①TP302.7

中国版本图书馆CIP数据核字 (2018) 第185604号

策划编辑：石永峰/向辉　责任编辑：张玉玲　加工编辑：孙丹　封面设计：李佳

书　　名	动态场景的三维信息获取原理和技术 DONGTAI CHANGJING DE SANWEI XINXI HUOQU YUANLI HE JISHU
作　　者	许丽　著
出版发行	中国水利水电出版社 （北京市海淀区玉渊潭南路1号D座　100038） 网址：www.waterpub.com.cn E-mail：mchannel@263.net（万水） 　　　　sales@waterpub.com.cn 电话：（010）68367658（营销中心）、82562819（万水）
经　　售	全国各地新华书店和相关出版物销售网点
排　　版	北京万水电子信息有限公司
印　　刷	三河市兴国印务有限公司
规　　格	170mm×240mm　16开本　9.75印张　116千字
版　　次	2018年10月第1版　2025年4月第3次印刷
印　　数	0001—2000册
定　　价	48.00元

凡购买我社图书，如有缺页、倒页、脱页的，本社营销中心负责调换

前　　言

实物表面的三维数字化技术被广泛应用到数字娱乐、虚拟现实、文物保护和数字博物馆等领域，是计算机视觉的重要研究内容。方便、快捷地实现对物体表面密集的三维信息获取是实物表面的三维数字化技术的发展趋势。条纹投射的结构光三维信息获取技术是一种先进的非接触光学测量方法。应用于动态场景的结构光三维信息获取技术的研究是结构光技术的研究热点。

本书主要阐述了构建实时结构光系统所涉及到的原理和技术，同时吸收了国内外许多具有代表性的最新研究成果。全书取材新颖、内容丰富，注重理论与实际的结合。本书共 6 章：第 1 章主要介绍基于视觉三维形貌测量的背景、常用方法、发展趋势以及所面临的问题；第 2 章重点阐述实时编码光设计中所涉及的性能、设计方法、解码过程；第 3 章重点分析结构光系统建模，以及所对应的标定方法；第 4 章为结构光系统的误差传递分析；第 5 章介绍稀疏数据的实时多场景配准算法；第 6 章为实时结构光系统实验，通过实验验证以上的理论的可行性。

本书是国家自然科学基金项目（51609086）、河南省基础与前沿技术研究计划项目（142300410173）、郑州市科技攻关项目（141PPTGG372）的成果。参与编写的有课题组成员闫浩、张帆老师，在此表示感谢。

由于作者水平有限，书中难免存在不妥之处，恳请广大读者批评指正。

许　丽

2018 年 2 月

目　　录

前言

第 1 章　绪论 1

  1.1　基于视觉三维形貌测量的背景 1

  1.2　基于视觉三维形貌测量的常见方法 2

    1.2.1　被动式方法 2

    1.2.2　主动式方法 4

  1.3　结构光技术的发展趋势和技术难点 10

    1.3.1　结构光技术的发展趋势 10

    1.3.2　结构光技术的技术难点 13

  1.4　本书的内容安排 14

  参考文献 16

第 2 章　实时编码光设计 26

  2.1　引言 26

  2.2　编码光性能分析 27

    2.2.1　实时编码光设计要求 28

    2.2.2　空间周期性准则 30

    2.2.3　灰度传递函数 38

  2.3　实时编码光设计 42

    2.3.1　周期时空编码光设计 42

    2.3.2　周期时空编码光与其他编码光的性能比对 46

  2.4　解码 48

    2.4.1   条纹边缘分割算法 48

    2.4.2   解码算法 50

  2.5 小结 52

  参考文献 52

第 3 章   结构光系统标定方法的研究 55

  3.1 结构光系统建模 55

    3.1.1   成像模型 56

    3.1.2   光平面模型 58

    3.1.3   结构光系统测量模型 59

  3.2 结构光系统的标定方法 60

    3.2.1   基于平面靶标的光平面标定方法 61

    3.2.2   标定过程鲁棒性分析 65

  3.3 标定实验 69

  3.4 小结 86

  参考文献 86

第 4 章   结构光系统误差传递分析与结构优化 89

  4.1 结构光系统误差传递分析 89

    4.1.1   三维数据计算误差分析 90

    4.1.2   光平面标定误差分析 92

    4.1.3   标定点获取误差分析 93

  4.2 结构光系统结构优化 97

  4.3 小结 102

  参考文献 103

第 5 章   稀疏数据的实时多场景配准 105

  5.1 引言 105

5.2　稀疏点云数据 106

5.3　传统的最近点迭代算法 108

5.4　改进的最近点迭代算法 111

 5.4.1　搜索参数的选取 111

 5.4.2　搜索准则的确定 116

 5.4.3　初始估计 121

 5.4.4　重采样 122

 5.4.5　改进算法流程 123

5.5　数据配准实验结果 124

5.6　小结 130

参考文献 130

第6章　实时结构光实验系统 133

6.1　实时结构光实验系统的构成 133

 6.1.1　系统硬件 134

 6.1.2　系统流程 135

6.2　实验结果 137

 6.2.1　几何体三维形貌测量结果 137

 6.2.2　头像1三维形貌测量结果 142

 6.2.3　头像2三维形貌测量结果 146

6.3　小结 150

第 1 章　绪论

1.1　基于视觉三维形貌测量的背景

在机器视觉、机器人导航、仿生学、三维动画、工业领域的自动化生产等领域，常常需要获得实际物体或场景的表面三维形貌信息。正是这些实际生产生活中日益增长的需求，促使了三维形貌测量技术的诞生和发展。

基于视觉的三维形貌测量方法可无损且方便地实现对实际三维场景的数字描述[1]。这些方法是以现代光学为基础，集光电子学、计算机图像图形学、信号处理等科学技术为一体的现代三维形貌测量技术。计算机技术、数字图像处理等高新技术的发展，以及不断推陈出新的高性能微处理器（CPU），使得实时三维形貌测量成为可能；大容量存储器保证了大范围场景的三维信息的存储；数字图像传感设备（CCD、PSD 或 CMOS）分辨率的提高增大了系统的获取分辨率；基于 DMD/LCD 的数字投影仪的介入，使得所投影的编码光可以通过计算机编程更为灵活地进行选择。这些相关技术的进步不仅为三维形貌测量领域的技术创新提供了可能，更为其应用前景开拓了广阔的空间。

三维形貌测量技术的发展始于 20 世纪 60 年代后期[2-4]。近期"欧盟第六框架计划"的招标项目建议中就有十几个主题与此相关。国外斯坦福大学[5]、奥克兰大学[6]、麻省理工学院[7]、纽约大学（石溪分校）[8]等著名学府的实验室，以及福特公司等大型制造企业所属的研究机构也在从事相关研究。国内四川大学[9]、清华大学[10]、天津大学[11]等多所大学中的研究小组亦在开展研究工作。动态场景、复杂面形的三维形貌测量，以及系统构成的便携性、高效性等问题已成为三维形貌测量技术研究的趋势。

1.2　基于视觉三维形貌测量的常见方法

三维形貌测量近年来取得了巨大的进步，根据应用背景和实现原理的不同，产生了相应的诸多方法。一般可分为主动式方法和被动式方法，前者需要借助特定光源参与物体表面三维信息的获取，而后者获取深度信息时则不需要辅助光源参与。被动测距法适合具有一定光学特征表面信息获取的应用场合；而主动三维形貌测量法可应用的领域相对广泛，具有三维形貌测量精度高、抗干扰性能好和实时性强等优点。

1.2.1　被动式方法

常见的被动式三维形貌测量技术有立体视觉、立体光度法、从 X 信息恢复出物体的形状（shape from X）等。

立体视觉是模仿人眼双目的视觉原理，通过立体图对恢复物体三维几何信息的方法[12]。该系统一般由两个摄像机构成，由双摄像机从不同角度同时获取周围景象的两幅图像，利用视差原理恢复出场景的三维几何信息。虽然立体视觉的几何关系是非常明确的，但在实际应用中仍然存在若干问题[13-15]：左右两幅图中的对应点有可能因为视觉信息的不充分（如强度或颜色无法区分）而无法匹配；由于遮掩或阴影的影响，景物中的某些部分有可能只出现在视图对的一个观察点上；满足对应点匹配计算的候选点有可能出现假对应；对物体纹理特征的过分依赖性（丰富的纹理特征可以降低对应点匹配的多义性）等。

立体光度法（Photometric stereo）[16,17]是利用表面在不同光照条件下所拍摄的图像序列来重构这个表面的三维形状。该方法的基本思想是通过不同光源产生不同的图像辐射方程来增加方程数目，以求解表面法向量。通常固定摄像机和物体的位置，设置不同方向上的三个光源，依次照明得到同一视场下的三幅照片。每幅照片的亮度方程都提供了一个约束条件。在梯度空间，三个方程的亮度等值线的交点就确定了所在点的表面法矢取向。但它有一些不可避免的缺点：是逐点恢复法，对噪音敏感；所能恢复的区域必须是三个光源同时照射的，在预先不知形状的物体上，如何确定这个区域是一个难题；此外光度立体法的多光源方案，使光照图像法失去了设备配置简洁的优点。

根据视觉中的 X 信息恢复出物体的形状是被动式三维形貌测量技术的常用方法之一，其中 X 信息还包括物体表面的纹理、轮廓、运动等。

由纹理恢复形状方法（Shape from Texture）[18]是 Gibson 首先提出的。该方法根据纹理或纹理梯度来确定表面深度的变化。在平面性和一致性分布的假设下，纹理密度的梯度可以提供表面取向的信息。一个具有纹理梯度的图像往往表示表面深度方向逐渐减小的图像，可以用两个方向上的某些纹理特征的偏导数来描述纹理梯度。如由圆组成的纹理在倾斜的表面上呈现为椭圆，其长轴方向就确定了相对于摄像机的旋转，而短轴与长轴的比确定了倾斜度。如果物体表面没有纹理，或者纹理是杂乱无章的，那么这种方法就不能应用[19]。

由轮廓恢复形状（Shape from Silhouette）[20-22]是基于一个简单的事实：当从不同视点观察物体时，物体一定位于各视点的视锥体形成的公共交集里。这种算法简洁、无须对应点匹配，适用于快速重建。但对于复杂形状的全场景恢复，不仅需要多视角图像的合成，还要利用有限轮廓的曲面拟合。

由运动恢复形状（Shape from Motion）[23,24]是在假设一个图像序列中的匹配问题已经得到解决的基础上实现的。目前，也有一些研究工作在尝试排除匹配问题，从运动中恢复形状。然而，运动分析需求解一组非线性方程，而解的收敛性又与初始值选取的好坏有关。要将由运动恢复形状这种方法成功运用于实际景物形状获取，必须解决初始条件的选择和避免奇异点这两个问题。

以上所介绍的被动式方法多可以实现具有一定光学特征物体表面的三维信息获得，无法实现对一些无特征的表面的三维形貌测量。

1.2.2 主动式方法

为了实现对无特征表面的对应区域匹配，在物体表面人为地加入不同的特征信息，从而实现表面的三维形貌测量。因此，主动三维获取系统主要由三个部分组成：投影系统、图像接收系统和信息解调系统。投影系统将光源投影到待测三维表面，三维表面对特定光源产生的时间或空间调制，由图像接收系统接收待测表面返回的光信号，再由信息处理系统处理接收到的光信号，获得待测表面的三维信息（见图 1-1）。即整个三维形貌测量过程可以看作是三维表面信息的调制、获取和解调的过程。

根据三维面形对光源调制方式的不同，主动三维形貌测量方法分为时间调制与空间调制两大类。飞行时间法是典型的时间调制方法，主要基于光脉冲在空间的飞行时间来确定物体的面形。空间调制方法是根据物体面形对光源的强度、相位等参数的影响来确定物体面形。它包括激光三角法、傅里叶变换轮廓术、相位测量轮廓术、编码结构光法等。

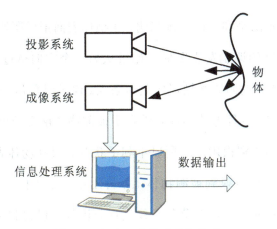

图 1-1　主动三维传感系统构成

Fig.1-1　Structure of active 3D acquisition system

1. 飞行时间法

飞行时间法（Time of Flight，TOF）[25]是利用光束传播时间来描述距离的长短。当一个激光脉冲信号从发射端发出，经物体表面漫反射后，沿几乎完全相同的路径反向传回到接收端，检测光脉冲从发出到接收之间的时间延迟，就可以计算出距离。如再增加相应的二维或者三维扫描装置，使光束扫描整个物面，就可以形成被测物体的三维面形数据。传统飞行时间法的分辨率约为1mm。近年来，单光子计数法、光全息技术等相关技术的应用，使该方法的分辨率可以达到微米（μm）数量级[26,27]。对于小尺寸场合的物体扫描，这类方法最大的困难在于探测信号在时间上的精确获取。如果时间上存在一个很小的误差，乘上光速后得到的距离误差就很大。因此该方法受限于装置中脉冲探测和时间获取设备精度，并且获取速度慢，不适合于动态场景的信息获取。

2. 莫尔轮廓术

自莫尔轮廓术（Moire Profilometry）出现以来[28]，作为一种新的计量技术，其包括阴影莫尔法、投影莫尔法、扫描莫尔法，以及这些方法的改进方法。最早提出的阴影莫尔法是利用面光源照明，在物体表面形成阴影光栅，阴影光栅受到物体表面高度的调制发生变形。如果从另一个方向透过基准光栅观察物体，基准光栅与变形的阴影光栅形成莫尔条纹。通过对莫尔条纹的分析获得被测表面的三维信息。这种方法的局限性在于被测物体前必须放置基准光栅，由于制造面积较大的光栅很困难，所以不利于获取大尺寸物体表面的三维信息。投影莫尔法是将光栅投射到被测物体上，再用第二个光栅观察物体表面的变形光栅像，得到莫尔条纹，对莫尔条纹进行分析就可以得到物体的深度信息。该方法具有较大的灵活性，适合于获取较大物体表面的三维信息。在阴影莫尔法、投影莫尔法中，仅仅从莫尔等高线上并不能判断表面的凹凸，不适于自动三维形貌测量。为了提高图像获取速度和便于用相移方法分析条纹图，可以用两个或多个 CCD 同时获取具有不同相移的莫尔条纹，从中检测出物体的原貌[11, 29, 30]。

3. 相位测量轮廓术

相位测量轮廓术（Phase Measuerment Profilometry，PMP）的基本思想就是通过有一定相位差的多幅条纹图来计算相位，再对应计算出物体的高度分布[9, 10, 31-33]。当一块正弦光栅被投影到三维漫反射物体表面上时，成像系统获得的由物体高度调制的变形光栅像为

$$I(x, y) = A(x, y)\{1 + B(x, y)\cos[\phi(x, y)]\} \tag{1-1}$$

式中：$A(x, y)$ 是物体表面上不均匀反射率；$B(x, y)$ 是条纹的对比度；相位函数 $\phi(x, y)$ 描述了直条纹受到被测物体表面高度调制而引起的变形状况。虽然相位函数是 x 的非线性函数，但是因为参考平面上每一点相对于参考点的相位值都是唯一的和单调变化的，所以可以通过一个基准平面的实测确定平面坐标和相位分布之间的映射关系。

式（1-1）中有 $\phi(x, y)$、$A(x, y)$ 和 $B(x, y)$ 三个未知量，需获取 3 帧以上条纹图才能求解 $\phi(x, y)$。因此，一般采用相移技术（Phase Shifting Technique），即把投影光栅在一个周期内均匀移动 N（$N \geqslant 3$）次，每次移动 $2\pi/N$ 相位，利用这 N 帧图像就可以计算出 $\phi(x, y)$[34,35]。因此相位测量轮廓术不适合动态场景的测量。

4. 傅里叶变换轮廓术

1983 年 M.Takdea 等人将傅里叶变换用于物体三维面形的测量，提出了傅里叶变换轮廓术（Fourier Transform Porfiometry，FTP）[36,37]。该方法是将快速傅里叶变换用于结构光场三维面形测量。通过投影系统将罗奇光栅或正弦光栅投影到被测物体表面，摄像系统获取被测物体高度分布调制的变形条纹，并由图像采集系统将变形条纹图送入计算机进行快速傅里叶变换、滤波和逆傅里叶变换，求解出物体的高度分布信息。

同相位测量轮廓术相比，它只需要一帧变形条纹图就可以恢复被测物体的三维面形，适合于动态场景的测量[38-42]。但在相同条件下，傅里叶变换轮廓术的测量精度不如 PMP 的测量精度高。频谱混叠、散斑噪声、条纹不连续、频率滤波窗的选择等因素会影响傅里叶变换轮廓术的测量精度[43-48]。因此，傅里叶变换轮廓术很难实现对复杂物体表面的信息获取。

5. 激光三角法

激光三角法[49-51]（Laser Triangulation）以传统的三角测量为基础，激光束沿投影光轴投射到物体表面，在另一方向，光场被探测器 CCD 接受。已知系统光路的几何参数，以及从测量得到的成像光点位置参数就能计算出被测物体的高度分布。激光三角法的典型原理结构如图 1-2 所示。

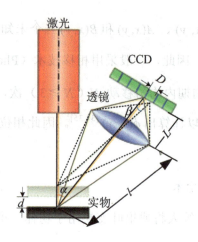

图 1-2 激光三角测距原理

Fig.1-2 Principle of laser triangulation

从光源发出的光束，经照明光学系统聚焦到被测表面，在其表面上形成光强均匀的光点。其中一部分被表面散射的光通过接收透镜成像，由放置在透镜焦面上的光电传感器接收并进行检测。经过计算表明：成像光点在检测器上的位置是探头和被测表面之间距离的函数。当被测表面接近或离开探头时，成像光点在检测器上的横向位置将随之变化。通过检测探测器上光点成像的位移，可以测定物体表面的距离变化。三角测量装置的探测器表面垂直于会聚透镜的光轴，假如物体表面的位移量 d 很小，照明系统光轴与接收系统光轴的夹角 α 不变，那么激光三角测量装置中探测器测得的位移量 D 与 d 的关系是

$$D = \frac{L \sin \alpha}{l \sin \beta} d = T d \frac{\sin \alpha}{\sin \beta} \qquad (1-2)$$

式中：l 和 L 分别为接收系统的物距和像距；$T = l/L$ 为接收透镜的放大率。由式（1-2）可知，当 T、α、β 为定值的情况下，D 与 d 成线性关系。

事实上，大多数三维面形测量仪器都派生于该三角测量原理。

6. 编码结构光法

结构光法是使用具有某种模式的主动光源来代替立体视觉中的一个摄像机,向场景中投射该光源,然后从图像上提取相对应的模式,使得匹配问题容易解决。结构光法自 1970 年出现以后经历了从点到线再到面的发展过程[52, 53]。编码结构光法(Coded Structured Light)则被认为是传统的结构光技术革命性的进步。该系统通过高效编码光实现高效的数据获取。典型的编码结构光原理如图 1-3 所示。

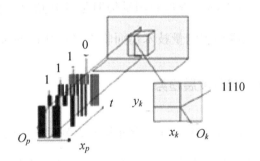

图 1-3　编码结构光原理

Fig.1-3　Principle of coded structured light

编码光使用一种特定的编码方式,使得图像平面上的被编码像素具有唯一的编码值。编码值一般是由数字构成,通常借助图像上一些可视性的特性来表示,如灰度、颜色、几何等。与一般的编码方法相同,需要编码的点越多,所需要的编码值就越大,编码方式的设计和解码过程就越难。根据编码光设计的不同,编码结构光测量方法可以分为空间编码、时间编码和直接编码。空间编码是利用其周围点的信息来确定唯一的编码值[54-57];时间编码是在连续时间上获得一个图像序列,从图像序列上获得唯一的编码值[58];直接编码是借助一些特殊的特征(如颜色和灰阶)得到编码值[59-62]。为了适应各种应用背景,出现了使用多种编码策略的混合编码方式，如时空编码[63-65]是对时间编码和空间编码的折中、伪随机序列和颜色相结合的编码方式[66, 67]等。

1.3　结构光技术的发展趋势和技术难点

随着计算机、光学元器件和激光器性能的提高，三维传感技术已在实用性和商业性的应用中取得了突破性的进展。但是根据实际应用领域的不断扩展，高速、高精度、复杂面形的三维形貌测量仍旧是目前光学三维形貌测量领域的研究重点，结构光三维形貌测量技术仍面临许多挑战性的课题。

1.3.1　结构光技术的发展趋势

结构光三维形貌测量技术本身具有非接触、测量速度快、测量精度高、易于在计算机控制下实现自动化信息获取等优点，同时又由于 DMD/LCD 数字投影仪的使用，使得所投影的编码光可以通过计算机编程更为灵活地进行选择，可以最大限度地提高信息获取精度和获取速度。这些优点和辅助手段将促使动态过程的密集三维信息的获取，成为结构光技术的发展趋势之一。系统误差的可控性研究和系统构成的便携性研究可以使结构光技术在实际应用中更为便捷和广泛。

（1）动态场景三维形貌测量。

长期以来，由于三维传感原理、硬件性能和三维传感算法的制约，三维传感技术很难做到实时测量，但是近年来随着高速摄影技术和计算机的飞速发展，为动态场景的实时三维形貌测量提供了可能[68-70]。因此，在动态场景的实时三维形貌测量中，针对不同系统的实时算法研究成了该领域的关键。

依据研究对象运动变化速度的快慢和对研究对象所进行的三维面形信息获取在时间分辨率上的精度要求，将动态过程划分界定为三种研究类型，即慢变化过程、快变化过程和高速旋转（或瞬态过程）[40]。

根据国际高速摄像学会的定义："每秒钟超过 128 帧图像，并至少获得 3 幅连续图像的摄形"的记录方式称为高速摄形[71]。按响应速度来分，动态过程可分为三种类型：运动速度或时间分辨率在 30Hz 以内的动态过程为慢变化过程，一般可用视频采集系统完成慢变化动态过程的三维面形信息获取工作；运动速度或时间分辨率在 30~128Hz 之间的动态过程为快变化过程，用高帧频采集系统完成快变化动态过程的三维面形信息获取工作；运动速度或时间分辨率超过 128Hz 的动态过程为高速或瞬态过程，用频闪结构照明系统完成高速旋转或瞬态过程的三维面形信息获取工作。

（2）完整、密集的三维形貌测量。

一般情况下，一套光学三维传感器和一次信息获取仅能获得单一视角（One View）的物面三维数据，该结果并不能反映物体完整的三维形状信息[72-74]。而且在结构光三维形貌测量过程中，物体表面上的台阶、深槽、突起会产生比较严重的阴影，从而给图像提取过程带来很大困难。特别是当物面不连续，如含有孔、洞及孤立区域的条纹提取[75]。基于三角原理的各种光学三维传感，在原理上要求照明光路和观察光路之间存在一定的夹角。这种原理将导致阴影、遮挡等问题。增加夹角可以提高精度，同时导致更多的阴影和遮挡，使局部区域的可靠性下降[76]。因此为了获得物体表面完整、密集的三维信息，要进行多视场三维形貌测量和拼接。

获取物体表面完整、密集的三维数据一般有两种不同的方式。

一是借助精密的转盘（或移动平台）和相应的伺服系统完成。具体方法：

把被测物体放到转盘或移动平台上进行多次拍摄，然后把所获得的这些单场景数据根据基准位置进行后期的数据配准、融合、表面重构和纹理匹配。如华中科技大学设计的结构光系统[72]、美国史坦福大学的"米开朗基罗计划"[73]。该方法的优点在于有已知的基准运动，后期的数据配准较为简单，可以达到较高的配准精度；缺点在于三维数据获取过程限制较大，三维形貌测量的适应性弱，所耗时间长，不适合动态场景的三维形貌测量。

二是使用多套结构光系统，一次获得多场景数据。具体方法：使用多套系统对被测物体进行拍摄，多场景数据根据预先获得的配准参数进行后期的数据配准、融合和表面重构。该方案可以获得运动目标的表面数据，这是第一种方式所无法完成的，如 InSpeck 公司的 3D Full Body System[74]。但该方法是靠牺牲系统硬件成本来提高系统实时性的，从而实现对动态场景的三维形貌测量。

但这两种方案对于实现密集数据的获取均有所不足。实现对动态场景的密集数据的获取是结构光技术发展的趋势之一。

（3）结构光系统误差的可控性。

对于结构光系统而言，误差来源主要是系统建模误差、图像处理中条纹的提取误差、标定参数误差等[76, 77]。

系统误差传递模型的分析为系统误差的可控性提供了理论依据。而系统误差的可控性使得根据应用的精度要求选择适合的实验条件成为可能，并将大大提高结构光技术在实际应用中的可操作性。

（4）结构光系统的便携性。

为了获得表面轮廓的完整、密集的三维信息，必须进行多场数据获取。而在多场数据融合过程中，要使用附加的转盘设备，或事前配准参数的标定。因此,现有表面面形的完整、密集的三维形貌测量,多是利用复杂的硬件设备(如转盘等伺服系统或多套传感器系统)来实现的。复杂的系统构成限制了一些结构光技术的应用,降低了结构光系统的适应性。因此建立快速、便携的结构光系统将成为今后结构光技术的又一个发展要求。

1.3.2 结构光技术的技术难点

根据结构光技术发展趋势的研究可知,实现这些目标的技术难点主要集中在实时系统的算法设计、结构光系统误差传递模型的建立和多场景数据的在线配准算法。

实时系统的算法设计包括实时编码光的设计和解码算法的实时性。常见的实时编码光设计是基于空间或颜色编码[79-82]。为了兼顾系统的测量分辨率和精度,出现了多种混合编码方式[65-67,83],如各种伪随机序列和颜色的混合编码方式、时空编码方式等。因此,实时编码设计的主要问题集中在编码方式的实时性和系统测量的精度、分辨率的综合考虑。解码算法的实时性主要是选择最佳效率的图像处理方法来适应不同的实时编码方式。

结构光系统的误差传递模型的建立为系统误差可控性应用成为可能。而目前结构光系统误差分析多为分步的误差分析[84-87],缺少对整个测量系统的误差传递分析。

密集三维形貌测量多使用高精度的伺服系统,增加了系统构成的成本。而多场景数据的在线配准算法是避免使用伺服系统、实现系统构成便携性的技术关键。最近点迭代算法是利用数据自身几何信息,进行数据配准的常见算法[88-91]。但该算法存在初始估计和算法收敛速度的问题。

1.4 本书的内容安排

本书主要研究在被测物体做无约束慢速运动的情况下，实现对物体表面密集的三维形貌测量。如图 1-4 所示，手持被测物体，在结构光光场中无约束地慢速运动，系统在线进行数据获取和配准，再根据反馈获取结果调整物体的运动和姿态，从而得到密集的表面三维信息。投影仪以 v_1 的速度投射编码光，摄像机采集对应的测量图，系统进行实时三维数据获取和多场数据的在线配准（运算速度为 v_2）。该系统所允许的被测物体运动速度 v 满足 $v \leqslant \dfrac{v_1}{n}, v \leqslant v_2$，其中 n 为编码光模式个数，$v_1 \leqslant v_2$。

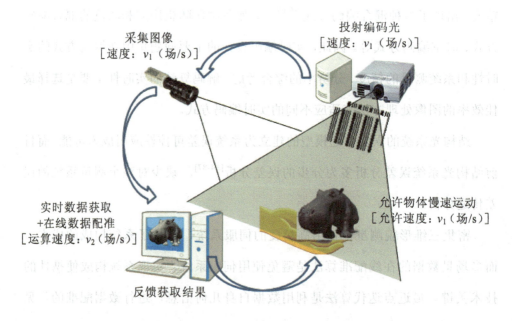

图 1-4 新的完整密集三维形貌测量系统

Fig.1-4 New 3D acquirization system based on real-time structured light system

为了实现这一目的，需要解决的关键技术包括实时的三维形貌测量和多场景在线数据配准，其中实时三维形貌测量包括实时结构光系统的编码光设计、系统参数的准确标定和系统误差传递分析。

根据以上分析的关键技术，本书具体的内容安排如下：

第 1 章：绪论。介绍三维形貌测量的常见方法，重点介绍了各种主动式三维形貌测量方法，对结构光的发展趋势和技术难点进行了详细分析。

第 2 章：实时编码光设计。在讨论测量图像中条纹偏移机理的基础上，研究了空间周期性准则。根据该准则，设计出一种新的实时编码光——周期时空条纹编码。该编码方式利用空间周期性减少了编码模式的个数，实现了对动态场景的三维形貌测量。

第 3 章：结构光系统标定方法的研究。在结构光系统光平面模型的基础上，研究了基于平面靶标的光平面标定方法，并对各个计算过程进行了鲁棒性分析。

第 4 章：结构光系统误差传递分析与结构优化。为了提高结构光系统的数据获取精度，建立了结构光系统在获取过程中的误差传递模型，确定了在满足特定的精度条件下，各标定样本的提取精度要求，研究了系统结构参数对精度的影响，为实现系统结构优化建立了理论基础。

第 5 章：稀疏数据的实时多场景配准。针对条纹结构光所得到的稀疏数据对数据配准算法的要求，以及在线数据配准的要求，提出了针对稀疏点云的改进最近点迭代算法，以刚体变换不变量（四面体体积）为搜索物理量，利用四面体体积的特性，实现了最近点迭代算法在实时性和自动初始估计方面的改进。

第 6 章：实时结构光实验系统。以几何体、石膏像等为对象开展了实验工作。

参考文献

[1] 马颂德，张正友．计算机视觉[M]．上海：科学出版社，1998：5-7，237-242．

[2] 苏显渝，李继陶．三维面形测量技术的新进展[J]．物理，1996，25(10):614-620．

[3] Frank Chen, Overview of three-dimensional shape measurement using optical methods[J]. Opt. Eng, 2000, 39(1):10-22.

[4] 桑新柱，吕乃光．三维形状测量方法及发展趋势[J]．北京机械工业学院学报，2001，16(2):32-38.

[5] K. David, T. Michael, L. Marc, etal. Protected interactive 3D graphics via remote rendering[C]. Proceedings of ACM SIGGRAPH, 2004, 23(3):695-703.

[6] Y. Y. Hung, L. Lin, H. M. Shang, B. G. Park. Practical Three-dimensional computer vision techniques for full-field surface measurement[J]. Optical. Enginerring. 2000, 39(1): 143-149.

[7] Michael S. Mermelstein, Daniel L. Feldhun, Lyle G. Shirley. Video-rate Ssurface profiling with acousto-optic accordiong fringe interferometry[J]. Optical. Enginerring. 2000, 39: 106-113.

[8] Peison S. Huang, Qingying Hu, Fu-Pen Chiang. Color-encoded figital fringe projection technique for high-speed Three-dimensional surface contouring[J]. Optical. Eng. 1999, 38(6): 1065-1071.

[9] W. Zhou, and X. Y. Su. A Direct Mapping Algorithm for Phase-Measuring profilometry[J]. J. Mod. Opt. 1994, 41: 89-94.

[10] Yudong Hao, Yang Zhao, Dacheng Li. Multifrequency grating projection profilometry based on the nonlinear excess fraction method[J]. Appl. Opt. 1999, 38(19): 4106-4110.

[11] X. Peng, S. M. Zhu, C. J. Su, etal. Model-based digital Moiré topography[J]. Optik. 1999, 110(4): 184-190.

[12] Dhond U R., Aggarwal J.K.. A review structure from stereo[J]. IEEE Transaction on systems, man and cybernetics, 1989, 19(6):1489-1510.

[13] F. Zollne, V. Matusevieh, R. Kowarsehik. 3D measurement by stereo photogrammetry[C]. Proc. SPIE, 2003, 5144:311-314.

[14] 李奇, 冯华君, 徐之海, 韩一石, 黄红强. 计算机立体视觉技术综述[J]. 光学技术, 1999, 5: 71-73.

[15] 马颂德, 张正友. 计算机视觉[M]. 北京: 科学出版社, 1998: 5-7, 179-180.

[16] Kyoung Mu Lee, C.C.Jay Kuo. Surface reconstruction from photometric stereo images[J]. Optical Society of America, 1993, 10(5): 855-868.

[17] Bang-Hwan Kim, Rae-Hong Park. Shape form shading and photometric stereo using surface approximation by legendre polynomials[J]. Computer Vision and Image Understanding, 1997, 66[3]: 1033-1047.

[18] J. J. Gibson. The perception of the visional world[J]. Science, 1951, 4:535.

[19] A. Criminisi, A. Zisserman. Shape from texture: homogeneity revisited[C]. Proc. the 11th British Machine Vision Conference, 2000: 82-91.

[20] M. Tarini, M. Callieri, C. Montani, C. Rocchini. Marching intersections: an efficient approach to shape-from-silhouette[C]. Proc. VMV, 2002: 283-290.

[21] KM Cheung, S. Baker, T. Kanade. Visual hull alignment and refinement

across time: a 3D reconstruction algorithm combining shape from silhouette with stereo[C]. CVPR, 2003: 375-382.

[22] C. S .Zhao, R. Mohr. Global Three-dimensional surface reconstruction from occluding contours[J]. Computer Vision and Image Understanding, 1996, 64(1): 62-96.

[23] 郑南宁. 计算机视觉与模式识别[M]. 北京：国防工业出版社，1998.3：169-190.

[24] http://homepages.inf.ed.ac.uk/rbf/CVonline/LOCAL_COPIES/CANTZLER2/ shape_motion.html.

[25] R. A. Lewis, A. R. Johnstone. A scanning laser range finder for a robtic vehicle[C]. Proc. 5JCAI, 1977, 762-768.

[26] M. C. Amann, T. M. Bosch, M. Lescure, R. A. Myllylae, M. Rioux. Laser ranging: a Critiacal review of usual techniques for distance measurement[J]. Optical Engineering. 2001, 40(1):10-19.

[27] J. S. Massa. Time of flight optical ranging system based on time correlated single photo counting[J]. Applied Optics, 1998, 37(31):7298-7304.

[28] H.Takasaki. Moiré Topography[J]. Applied Optics, 1970, 9(6):1467-1472.

[29] K.Harding, L.Biemam. High Moiré contouring methods analysis[C]. Proc. Of SPIE, 1998, 3520: 27-35.

[30] J. A. N. Buytaert, J. J. J. Dirckx. Moire profilometry using liquid crystals for projection and demodulation[J]. Optics Express, 2008, 16(1): 179-193.

[31] Xiang Zhou, XianYu Su. Effect of the modulation transfer function of a digital image acquisition device on phase measuring profilometry[J].

Applied Optics, 1994, 33(25):8210.

[32] M. Chang, C. S. Ho. Phase Measuring profilometry using sinusoidal grating[J]. Experimental Mechcanics, 1993, 33:117-122.

[33] XianYu Su, WenSen Zhou, G. Von Bally, D. Vukicevie. Automated phase-measuring profilometry using defocused projection of a ronchi grating[J]. Optics Communications, 1992, 94:561-573.

[34] X. Y. Su, W. Z. Song, Y. P. Cao, etal. Phase-height mapping and coordinate calibration simultaneously in phase-measuring profilometry[J]. Optical Engineering, 2004, 43(3): 708-712.

[35] R. H. Zheng, Y. X. Wang, X. R. Zhang, etal. Two-dimensional phase-measuring profilometry[J]. Applied Optics, 2005, 44(6): 954-958.

[36] Mitsuo Takeda, Hideki Ina, Seiji Kobayashi. Fourier transform method of fringe-pattern analysis for computer based topography and interferometry[J]. J. Opt. Soc. Am., 1982, 72(1):156-160.

[37] Mitsuo Takeda, Kazuhito Mutoh. Fourier transform profilometry for the auto measurement of 3D object shapes[J]. Applied Optics, 1983, 22(24):3977-3982.

[38] 吴春才，苏显渝. 动态过程的三维面形测量[J]. 光电子•激光，1996，7(5)：273-278.

[39] 吴春才. 基于傅里叶变换的动态过程三维面形测量[D]. 四川大学硕士学位论文，1996.

[40] 张启灿. 动态过程三维面形测量技术研究[D]. 四川大学，2005.

[41] 张启灿，苏显渝，曹益平，李勇，向立群，陈文静. 利用频闪结构光测量旋转叶片的三维面形[J]. 光学学报，2005，25(02)：207-211.

[42] 赵文杰，张启灿，苏显渝，曹益平，向立群，陈文静．气球快速泄气过程动态面形测量方法[J]．光电工程，2004，31(05)：42-45．

[43] 步鹏，陈文静，苏显渝．滤波窗的选择对傅里叶变换轮廓术测量精度的影响[J]．激光杂志，2003，24(4)：43-45．

[44] 陈文静，苏显渝．提高傅里叶变换轮廓术测量精度的新方法[J]．光电工程，2002，29(01)：19-22．

[45] 陈文静，苏显渝．采用交织抽样方法消除傅里叶变换轮廓术中频谱混叠[J]．激光杂志，2000，21(05)：24-26．

[46] F. Berryman, P. Pynsent, J. Cubillo. The effect of windowing in Fourier transform profilometry applied to noisy images[J]. Optics and Lasers in Engineering, 2004, 41(6): 815-825.

[47] W. J. Chen, X. Y. So, Y. Cao, Q. Zhang, L. Xiang. Method for eliminating zero spectrum in Fourier transform profilometry[J]. Optics and Lasers in Engineering,2005, 43(11): 1267-1276.

[48] W. J.Chen, X. Y. Su, Y. P. Cao, L. Q. Xiang. Improving Fourier transform profilometry based on bicolor fringe pattern[J]. Optical Engineering,2004, 43(1): 192-198.

[49] 王晓嘉，高隽，王磊．激光三角法综述[J]．仪器仪表学报，2004，25(4)：601-604．

[50] N. Pears, P. Probert. Active triangulation rangefinder design for mobile rsobots[C]. IEEE International Conference on Intelligent Robots and System, 3:2047-2052, 1992.

[51] Rioux M. Laser range finder based on synchronized scanners[J]. Applied

Optics, 1984, 23(21):3837-3844.

[52] J. Salvi, P. Jordi, J. Batlle. Pattern codification strategies in structured light systems[J]. Pattern Recognition, 2004, 37(4):827-849.

[53] Mouaddib, E., Batlle, J. and Salvi, J.. Recent progress in structured light in order to solve the correspondence problem in stereo vision[C]. IEEE International Conference on Robotics and Automation, 1997, 1:130-136.

[54] P. Vuylsteke and A. Oosterlinck. Range image acquisition with a single binary-encoded light pattern[J]. Pattern Analysis and Machine Intelligence, 1990, 12(2): 148-163.

[55] J. L. Posdamer, M. D. Altschuler. Surface measurement by space-encoded projected beam systems[C]. Computer Graphics and Image Processing, 1982, 18(1): 1-17.

[56] N.G. Durdle, J. Thayyoor, V.J.Raso. An improved structured light technique for surface reconstruction of the human trunk[C]. IEEE Conference on Electrical and Computer Engineering, 1998, 2:874-877.

[57] J. Salvi, J. Batlle, E. Mouaddib. A robust-coded pattern projection for dynamic 3d scene measurement[J]. Pattern Recognition Letters, 1998, 19(11):1055-1065.

[58] E. Horn, N. Kiryati. Toward optimal structured light patterns[J]. Image and Vision Computing, 1999, 17(2):87-97.

[59] D. Caspi, N. Kiryati, and J. Shamir. Range imaging with adaptive color structured light[J]. Pattern Analysis and Machine Intelligence, 1998, 20(5):470-480.

[60] B. Carrihill, R. Hummel. Experiments with the intensity ratio depth sensor[J]. Computer Vision, Graphics and Image Processing, 1985, 32:337-358.

[61] J. Tajima, M. Iwakawa. 3D data acquisition by rainbow range finder[C]. International Conference on Pattern Recognition, 1990, 309-313.

[62] 黄红强, 冯华军, 徐之海. 彩色结构光三维成像技术[J]. 浙江大学学报, 2001, 35(6): 588-591.

[63] K. Sato. Range imaging based on moving pattern light and spatio-temporal matched filter[C]. IEEE International Conference on Image Processing, 1996, 1:33-36.

[64] Hall-Holt, S. Rusinkiewicz. Stripe boundary codes for real-time structured-light range scanning of moving objects[C]. 8th IEEE International Conference on Computer Vision, 2001, 359-366.

[65] J. Davis, D. Nehab, R. Ramamoorthi, S. Rusinkiewicz. Spacetime stereo: A unifying framework for depth from triangulation[J]. IEEE Transactions on Pattern Analysis and Machine Intelligence, 2005, 27(2): 296-302.

[66] C. H. Guan, L.G. Lau.Composite structured light pattern for three-dimensional video[J]. Optics Express, 2003, 11(5):406-417.

[67] J. Pages, J. Salvi, C. Collewet, J. Forest. Optimised De Bruijn patterns for one-shot shape acquisition[J]. Image and Vision Computing, 2005, 23(8):707-720.

[68] 王伯雄, 朱彦民, 罗秀芝. 三维形貌的快速测量方法[J]. 清华大学学报（自然科学版）, 1999, 39(2): 57-61.

[69] 钱铮铁, 李德华. 基于 FPGA 的激光条纹中心实时检测[J]. 计算机工程

与应用，2004，27: 49-52.

[70] F. Tsalakanidou, F. Forster, S. Malassiotis, M. G. Strintzis. Real-time acquisition of depth and color images using structured light and its application to 3D face recognition[J]. Real-Time Imaging, 2005, 11(5):358-369.

[71] 李景镇. 第 26 届国际高速摄影和光子学会议与高速摄影进展[C]. 2004 年第五届全国光子学会议，2004.

[72] 朱洲，李德华，关景火，吴险峰. 基于结构光的三维全身人体扫描仪[J]. 华中科技大学学报（自然科学版）2004, 32(10):7-9.

[73] http://graphics.stanford.edu/projects/mich/.

[74] http://www.inspeck.com/company/gallery/gallery.asp.

[75] David A. Forsyth, Computer vision: a modern approach[M]. Prentice Hall, 2003, 401-402.

[76] 解则晓，张成国，张国雄. 线结构光测头的误差补偿[J]. 传感技术学报，2005，26(7)：667-670.

[77] Z. M. Yang, Y.F. Wang. Error analysis of 3D shape construction from structured lighting[J]. Pattern Recognition, 1996, 29(2): 189-206.

[78] 吴彰良，卢荣胜，宫能刚，费业泰. 线结构光视觉传感器结构参数优化分析[J]. 传感技术学报，2004，12(4)：709-712.

[79] M. Maruyama, S. Abe. Range sensing by projecting multiple slits with random cuts[J]. Transactions on Pattern Analysis and Machine Intelligence 1993, 15(6):647-651.

[80] Zhang Li, B. Curless, S. M. Seitz. Rapid shape acquisition using color structured light and multi-pass dynamic programming[C]. Proceedings First

International Symposium on 3D Data Processing Visualization and Transmission, 2002, 24-36.

[81] J. Pages, J. Salvi, C. Collewet, J. Forest. Optimised De Bruijn patterns for one-shot shape acquisition[J]. Image and Vision Computing, 2005, 23(8):707-720.

[82] J. Salvi, J. Batlle, E. Mouaddib. A robust-coded pattern projection for dynamic 3D scene measurement [J]. Pattern Recognition Letters, 1998, 19(11):1055-1065.

[83] C. H. Guan, L.G. Lau, D.L.. Composite structured light pattern for three-dimensional video[J]. Optics Express, 2003, 11(5):406-417.

[84] 刘珂，周富强，张广军. 线结构光传感器标定不确定度估计[J]. 光电工程，2006，33(8)：79-84.

[85] 周富强，刘珂，张广军. 交比不变获取标定点的不确定性分析[J]. 光电子.激光，2006，17(12)：1524-1528.

[86] S. J. Maybank. Probabilistic analysis of the application of the cross ratio to model based vision[J]. International Journal of Computer Vision, 1995, 16(1):5-33.

[87] 李瑞君，范光照，吴彰良. 线结构光传感器的精度分析及优化设计[J]. 合肥工业大学学报，2004，27(10)：1115-1118.

[88] P. Besl, N. Mckay. A method for registration of 3D shapes[J]. Pattern Analysis and Match, 1992, 14(2):239-256.

[89] Y. Chen, G. Medioni. Object modeling by registration of multiple range imagee[C]. IEEE International Conference on Robotics and Automation,

1991, 2724-2729.

[90] Z. Zhang. Iterative point matching for registration of free form curves[T].
Technical Report of INRIA, Sophia Antipolis, March 1992.

[91] 张宗华，彭翔，胡小唐. ICP 方法匹配深度图像的实现[J]. 天津大学学
报，2002，35(5)：571-575.

第 2 章　实时编码光设计

2.1　引言

在结构光系统中,使用具有某种模式的主动光源代替立体视觉中的一个摄像机,向场景中投射该光源,然后从图像上提取相对应的模式,使一些无纹理表面的匹配问题得以解决,从而实现物体表面的三维形貌测量[1]。因此,在结构光系统中,用于解决对应点匹配问题的关键是主动光源模式的设计,即编码光的设计。

编码光的设计直接影响了系统测量的分辨率、精度和速度[2]。实时结构光编码所要解决的关键问题是在满足一定的测量精度和分辨率要求的条件下,克服对时间连续性的依赖,即减少编码模式的个数,其中最佳的情况是使用一帧编码光完成三维形貌测量(该编码方式被称为 one-shot techniques)。

大多数单帧编码光是基于空间或颜色的编码[3-6]。空间编码是基于空间连续性,适合对动态场景测量的实时系统。该编码模式是借助其相关邻域的信息进行编码,在物体表面边界或间隙等空间不连续区域往往会出现对应点的误判。因此,该编码方式很难获得较高的测量空间分辨率和精度。基于颜色或灰度的直接编码对物体表面的反光性、纹理变化、物体表面自身颜色和背景干扰的鲁棒性较弱,一般要进行事前的颜色标定。为了克服这些不足并能适应对动态场景的测量，出现了一些改进方法。如 Maruyama[3]把伪随机编码应用于空间和颜色编码，Zhang[4]、Pages[5]和 Salvi[6]也提出了各种伪随机编码和颜色编码的改进编码方式。

实时编码方式还有一些其他的方法，如 Guan[7]和 Yue[8]提出了将调制和解调的思想应用到结构光编码中，多幅编码图借助调制的概念加载到某一高频图像上，实现多幅编码模式融合到一幅编码图中，以适应实时测量环境。但是该编码方式解码复杂，三维数据获取精度低，而且系统硬件要求高。Koninckx[9]提出了使用外极线约束几何关系和颜色间隙相结合的编码方式实现实时测量。另外，一些基于时间和空间编码的综合编码方式也被用于实时结构光编码中[10-13]。Hall-Holt 和 Rusinkiewicz[10-12]提出了时空编码方式，可实现准实时测量的要求。他们设计了一组 4 帧的条纹时空编码方式，当运动物体的速度低于系统的响应速度时，可实现实时测量。该实时系统是对时间连续性和空间连续性的折中，是一个准实时系统，被测物体在 4 帧编码图投射的过程中要求保持相对静止。

为了保证系统高速和高精度性能，本章在研究条纹图变形机理的基础上，提出了空间周期性准则。在该准则的基础上，本章提出了一种新的实时编码光设计方案——周期时空条纹编码。该编码方式既保证了系统的测量分辨率，又实现了对动态场景的实时三维形貌测量。

2.2 编码光性能分析

在结构光系统中，编码光人为地被投射到被测物体表面上，根据三角测距原理实现对真实场景的三维形貌测量。因此，编码光的性能直接影响到系统的性能,如编码光的码字决定了系统的测量分辨率,编码光的模式决定了系统对动态场景的响应速度,解码和图像处理的精度影响了系统的测量精度等。

本节从三方面研究编码光的性能:其一,探讨实时编码光的设计要求;其二,在研究条纹测量图像中条纹偏移机理的基础上,探讨结构光系统的测量实时性和分辨率的对应关系,提出了空间周期性准则;其三,建立投影图像的灰度信息在结构光系统中的传递函数,为解码过程中的图像处理提供理论依据。

2.2.1　实时编码光设计要求

结合结构光系统的编码光的特点和系统对实时性的要求,下面对实时编码光设计过程中要满足的要求进行了总结。

(1)编码值的唯一性。

结构光系统中,编码光是解决匹配点对应问题的关键,因此每个码字的唯一性是编码光设计必须满足的要求。

(2)编码必须满足采样定理。

被测物体表面的三维形貌测量过程,本质上是对物体表面的一次再采样的测量过程,其编码就是确定采样点的过程,所以编码必须满足采样定理[14]。

(3)编码帧数最小化。

实现对动态场景进行三维形貌测量的结构光系统设计就是要提高系统的响应速度。编码结构光系统是利用一幅或多幅编码图得到一组完整编码值,要求被测物体在一个测量周期里必须保持相对静止。编码图越多,区域划分越精细,由此引起的量化误差越小,测量分辨率就越高。为了降低结构光系统对运动物体速度的约束,在设计编码的过程中使用尽量少的编码帧数,即在满足一定的分辨率的条件下，保证设计的编码图帧数最小化。

（4）编码效率最大化。

在保证编码模式个数不变的情况下，提高编码效率可得到更高的测量分辨率。

编码效率是指编码的有效码字数目除以该字长所对应的码字数目。空间二进制编码的效率是指在某一字长下编码生成的有效码字数目除以该字长对应的二进制码字数目，如式（2-1）所示[15]：

$$\eta = \frac{N_{\mathrm{w}}}{N_{\mathrm{max}}} \tag{2-1}$$

式中：η 为编码效率；N_{w} 为有效码字数码；n 为码字长，字长 n 对应投影图案数目。

对于二进制编码而言，编码效率为

$$\eta = \frac{N_{\mathrm{w}}}{2^n}$$

要获得 n 位字长的编码（2^n 个码字），就要投射 n 幅投影图案；码字数目对应编码将被测空间划分的区域数目，码字数目越大，划分的区域越多，测量分辨率越高。

编码效率最大化可以保证在相同的编码帧数（即相同的系统实时响应速度）条件下，获得最大的测量分辨率。

（5）解码的可实现性。

在结构光系统中，编码光的目的就是解决对应点提取问题，解码精度（可实现性）直接影响结构光系统的测量精度。

2.2.2 空间周期性准则

在编码光设计中，空间周期性是指码字在空间上的重复出现。而空间周期性准则是指在应用空间周期性时，必须满足的约束条件。

在编码光设计中，应用空间周期性可以提高系统的测量分辨率和实时性。而空间周期性准则确定了在应用空间周期性中，编码条纹个数的上限（即系统测量分辨率的最大值）；或在保证一定测量分辨率的情况下，编码模式个数的下限（即系统对动态场景测量的最大响应速度）。

下面首先对本节推导的空间周期性准则进行描述，进而从理论上证明该准则的可行性，并在此基础上提出使用准则。

1. 空间周期性准则的概念

投影仪向物体表面投射编码光，是主动地在表面上增加可视性信息。这种方式可以方便地解决对应点匹配的问题。对于编码光而言，保证每个码字的唯一性是其设计过程中的关键。因此，空间周期性能否应用到编码光设计中的关键在于能否保证码字的唯一性。

首先考察一维编码模式的情况，即条纹编码。对于条纹结构光系统而言，条纹偏移取决于投影仪和摄像机的相对位置及被测物体表面的深度变化。当投影仪和摄像机标定后被固定，条纹偏移就主要取决于被测物体表面的深度变化。由于结构光系统中存在测量景深，物体表面的深度变化是有限的。条纹测量图像中，条纹偏移量也是个有界值。这样，相同码字的距离只要大于该有界值的2倍，就可以保证码字的唯一性，避免混淆，即空间周期性可以使用在编码光设计中。

用图解法表示空间周期性。如图 2-1 所示，假设$(0, ..., m, ..., T)$为一个编码周期，m 为编码周期里任一编码值，s_m 为该编码值在空间上的位置，d 为一个周期的距离。由于测量图像中条纹的偏移是一个有界值，用 $D/2$ 来表示，这样对于第二个周期中编码值 m，偏移的范围为$(s_m-D/2,\ s_m+D/2)$。只要和第二个编码周期相邻的周期一和周期三中编码值 m 不在范围$(s_m-D/2,\ s_m+D/2)$中，就不会出现解码混淆，保证了码字的唯一性。即只要 $d>D$，空间周期性就能应用到编码光设计中。

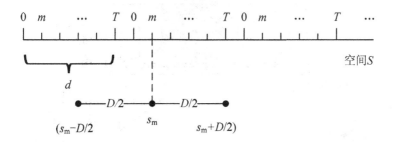

图 2-1　空间周期性图示

Fig.2-1　Spatial periodicity presentation

　　应用空间周期性在不改变编码模式的条件下，增加了编码值的个数，从而提高了结构光系统的测量分辨率。

　　2. 空间周期性准则的证明

　　从理论上证明空间周期性准则，分为如下两步：第一步是从理论上证明空间周期性可以应用到编码光设计中；第二步是在理论证明的基础上，提出空间周期性的使用准则。

　　（1）可行性。

　　条纹偏移取决于投影仪和摄像机的相对位置及被测物体表面的深度变化，在此考察由被测物体表面的深度变化所引起的条纹偏移，如图 2-2 所示。条纹偏移被定义为：z 轴上的深度变化所引起的测量图像上条纹偏移在 x 轴上的变化。对于条纹结构光系统而言，z 轴上的深度变化的极限为该视觉系统的景深 dz（包括前景深 dz_f 和后景深 dz_b）。条纹偏移量可以表示为 du（偏移实际坐标值，单位：mm）和 dU（偏移量图像坐标值，单位：pixels）。f_c 和 f_p 分别为摄像机和投影仪的焦距。

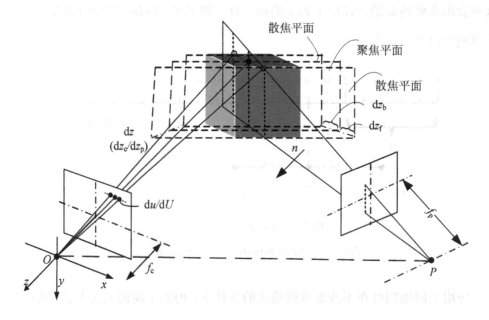

图 2-2　深度变化所引起的条纹偏移

Fig.2-2　Stripe deformation due to depth change

投影仪和摄像机的投影和成像系统用透镜系统来模拟。对于透镜系统而言，前后景深公式为

$$dz_f = \frac{F\delta z^2}{f^2 + F\delta z}$$

$$dz_b = \frac{F\delta z^2}{f^2 - F\delta z}$$

$$dz = dz_f + dz_b$$

$$dz = \frac{z}{\dfrac{f^2}{F\delta z}+1} + \frac{z}{\dfrac{f^2}{F\delta z}-1} \qquad (2\text{-}2)$$

式中：F 为透镜光圈；δ 为透镜的弥散圆直径；f 为透镜的等效焦距；z 为测量距离。

相对于测量距离的相对景深为：

$$\frac{dz}{z} = \frac{1}{\dfrac{f^2}{F\delta z}+1} + \frac{1}{\dfrac{f^2}{F\delta z}-1} \qquad (2\text{-}3)$$

编码结构光系统是由投影仪和摄像机构成的，因此结构光系统的景深被认为是投影仪景深 dz_p 和摄像机景深 dz_c 的最小值。

$$dz = \min(dz_p, dz_c) \qquad (2\text{-}4)$$

由式（2-2）可知，在光圈、弥散圆直径和测量距离不变的情况下，透镜景深随着焦距的增大而减小，而投影仪和摄像机之间的光圈、弥散圆直径和测量距离的差异较小。在常见的结构光系统中，投影仪的焦距大于摄像机焦距。因此，结构光系统的景深主要取决于投影仪景深。

接下来考察深度上最大获取范围（景深）与条纹在摄像机成像面上偏移的几何关系。如图 2-3 所示，投影仪和摄像机分别固定在点 O 和 P 上，CP 为摄像机的成像平面，PP 为投影仪的投影平面。由于物体表面深度变化 dz 的存在，投影仪投射的第 N 个条纹平面在 x 方向上出现了空间偏移 dx（物点从 A 点偏移到 B 点）。α 和 β 分别为摄像机成像角和投影仪投影角；dz 为系统的测量景深；du（mm）和 dU（pixels）为景深所引起的在图像平面上条纹偏移量（即物点从 A 点偏移到 B 点所带来的偏移量）。

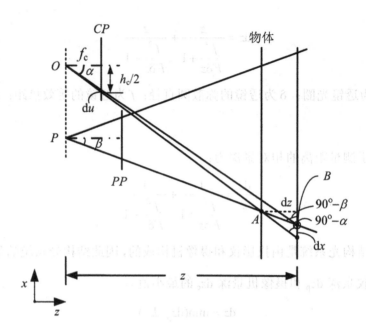

图 2-3　条纹图偏移的几何关系

Fig.2-3　Deformation on imaging plane due to depth change

根据成像和投影的几何关系，由景深 $\mathrm{d}z$ 引起的 x 方向的空间偏移量 $\mathrm{d}x$ 为

$$\mathrm{d}x = \mathrm{d}z(\tan\alpha - \tan\beta) \tag{2-5}$$

摄像机成像角满足

$$\tan\alpha = \frac{h_\mathrm{c}}{2f_\mathrm{c}} \tag{2-6}$$

$$h_\mathrm{c} = N_\mathrm{x}k_\mathrm{x} \tag{2-7}$$

式中：h_c 为 CCD 在 x 方向上的尺寸大小；k_x 为 x 方向上的尺度因子；N_x 为 CCD 在 x 方向上的像素个数。

景深所引起的图像平面上条纹偏移量 $\mathrm{d}u$（mm）和 $\mathrm{d}U$（pixels）可近似为

$$\mathrm{d}u = \frac{\mathrm{d}z}{z}\frac{N_\mathrm{x}}{2}k_\mathrm{x} - \mathrm{d}z\frac{f_\mathrm{c}}{z}\tan\beta \tag{2-8}$$

$$dU = \frac{dz}{z}\frac{N_x}{2} - \frac{1}{k_x}dz\frac{f_c}{z}\tan\beta \qquad (2\text{-}9)$$

由于 $0^{\circ}<\beta<90^{\circ}$，$\tan\beta>0$，条纹偏移反应到图像平面上（单位为 pixels），可得

$$dU < \frac{dz}{z}\frac{N_x}{2} \qquad (2\text{-}10)$$

式（2-10）即证明了条纹偏移量是个有界值。只要相同码字的距离大于该有界值，就能保证码字的唯一性。因此，空间周期性应用到编码光设计中是可行的。

下面讨论基于有界准则下，空间周期性在编码光设计中的使用准则。

（2）空间周期性的使用准则。

设 $\frac{D}{2}$ 为条纹偏移的最大偏移量，则有

$$\frac{D}{2} = \frac{dz}{z}\frac{N_x}{2} \qquad (2\text{-}11)$$

这样 D 为相同码字的最小距离，称为空间周期间距。

用 d 来表示相同编码值的距离。当相同码字的距离 d 大于空间周期间距 D 时，可以无解码混淆地使用空间周期性；否则，使用空间周期性时，可能出现解码混淆，从而得到错误的匹配。图 2-4 表示了 d 与 D 关系所引起的解码匹配问题。

由于码字距离 d 是一整数，相同码字的间距 d 满足

$$d > \text{int}\,D \qquad (2\text{-}12)$$

周期编码设计中的解码混淆可以避免。

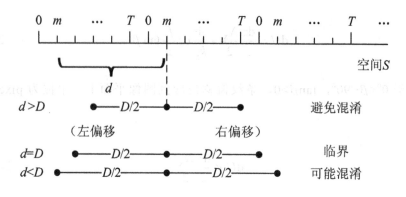

图 2-4 应用空间周期性的情况

Fig.2-4 Conditions of the use of spatial periodicity

　　图像的成像过程是对场景的一次采样过程,编码结构光的三维形貌测量过程可视为再采样过程,因此编码过程就是确定采样点的采样过程,即编码过程必须满足抽样定理。抽样定理反应在结构光测量系统中,表述为投影仪对被测场景的分割区域必须小于摄像机的采样区域的一半,即

$$f z_m < \frac{f z_c}{2} \qquad (2\text{-}13)$$

式中:$f z_c$ 和 $f z_m$ 分别表示摄像机的采样频率和结构光系统的测量频率。

　　编码所分割的最小区域宽度必须是摄像机一个像素视场宽度的两倍,即

$$\frac{1}{n} > 2\frac{1}{N_x} \qquad (2\text{-}14)$$

式中:$1/N_x$ 是 CCD 摄像机中一个像素的视场大小;N_x 为 CCD 摄像机的分辨率;$1/n$ 是结构光测量系统中一个条纹的视场大小;n 为结构光测量系统的测量分辨率(主要取决于编码分辨率)。

　　在条纹编码中,△表示摄像机成像面上一个条纹宽度所包括的像素个数。根据公式(2-14)可得

$$\Delta = \frac{N_\mathrm{x}}{n} > 2\mathrm{pixels} \qquad\qquad (2\text{-}15)$$

当空间周期性被应用于条纹编码中，d 用来表示在同一个编码周期中相同码字之间的距离。距离 d 取决于一个空间周期中条纹宽度所包括的像素个数，即满足

$$\begin{aligned} d &= \Delta n_\mathrm{T} \\ k &= pd \end{aligned} \qquad\qquad (2\text{-}16)$$

式中：p 为可使用的空间周期数；n_T 为一个空间周期中编码的个数；k 为整个编码条纹所包括图像平面的像素个数。

根据式（2-11）、式（2-12）、式（2-15）和式（2-16）可得到

$$\begin{cases} \Delta > 2\mathrm{pixels} \\ \Delta n_\mathrm{T} > D \\ \Delta p n_\mathrm{T} < N_\mathrm{x} \end{cases} \qquad\qquad (2\text{-}17)$$

式（2-17）即为空间周期性的使用准则，其中第一个不等式表示了采样定理对空间周期性在编码图像域中的使用限制；第二个不等式明确了为了保证码字的唯一性，避免不同周期中相同码字的干扰，空间周期性使用的约束条件，即不同周期中相同码字的距离，必须大于结构光系统中条纹偏移量这个有界值；第三个不等式确定了结构光系统中摄像机的分辨率对空间周期数确定的约束关系。根据式（2-17）的三个约束条件，可以确定在保证编码值唯一性条件下的空间周期数 p。

以上的分析是针对一维编码方式而言的；对于二维编码方式（如网格编码等），上述分析与最终得到的约束条件同样适用。

在编码光设计中，应用空间周期性对结构光系统性能有两方面的改进：在保证一定系统实时响应速度的前提下，增加码字个数，从而提高系统的测量分辨率；在保证一定的系统测量分辨率的情况下，减少编码模式个数，从而提高实时系统的响应速度。

通过以上的证明可以得出空间周期性准则，即在编码光设计中，码字可以有条件地重复出现；只要周期数满足该准则，就可以准确地完成解码，从而实现准确的三维信息求解。

2.2.3　灰度传递函数

结构光系统是借助编码光的可视信息，在图像传递的过程中实现物体表面的三维形貌测量。因此，图像处理的精度直接影响了系统的测量精度。建立结构光系统的灰度传递函数来指导图像处理算法的选择，提高图像处理的精度，从而提高系统的测量精度。

本节以黑白条纹编码光为例，分析编码图在结构光系统的传递函数。编码图 $q(x)$ 经由投影仪投射到被测物体表面，通过物体表面对编码图的调制过程，然后由摄像机采集得到测量图 $s(x)$，整个过程如图 2-5 所示。

图 2-5　结构光系统的灰度传递过程

Fig.2-5　Transfer of structured light system

二进制条纹分布用矩形函数描述，理想条纹图的灰度分布用下式表示：

$$q(x) = 255\text{rect}\left(\frac{x}{\tau_x}\right)p(x) \qquad （2\text{-}18）$$

$$p(x) = \sum_{i=0}^{N-1}\delta(x - iT_x) \qquad （2\text{-}19）$$

式中：rect() 为矩形函数，用于描述条纹的灰度分布；$\delta()$ 为单位冲激函数；τ_x 为条纹空间宽度；T_x 为条纹的空间周期；条纹的空间频率为 $f_x = 1/T_x$。

为了分析编码图在结构光系统的传递关系，这里使用线性高斯滤波器来模拟该传递过程[16, 17]。其传递关系为

$$s(x) = q(x) * h_{\text{ist}}(x) \qquad （2\text{-}20）$$

$$h_{\text{ist}}(x) = k\exp\left[-\frac{(x-a)^2}{2\sigma_x^2}\right] \qquad （2\text{-}21）$$

式中：* 为卷积算子；$h_{\text{ist}}(x)$ 为系统灰度传递函数；k 为高斯滤波系数；a 为高斯滤波器的均值；σ_x 为高斯滤波器的方差。

由于投影和成像过程中噪声的存在，用加性高斯白噪声来模拟：

$$\tilde{r}(x) = \tilde{s}(x) + \tilde{n}(x) \qquad （2\text{-}22）$$

根据式（2-20）、式（2-21）、式（2-22），对该传递过程进行分析，系统的线性高斯模型如图 2-6（a）所示，其投影系统的编码灰度分布图和编码图如图 2-6（b）和（d）所示，经过结构光测量系统后的图像中灰度分布和图像分布如图 2-6（c）和（e）所示。

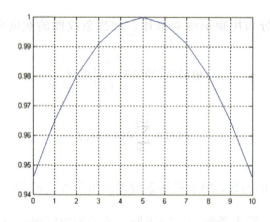

（a）高斯模型

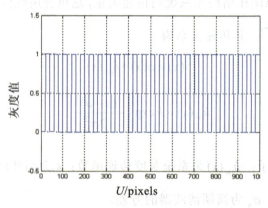

（b）滤波前灰度分布

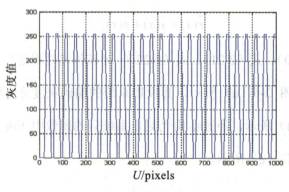

（c）滤波后灰度分布

图 2-6　灰度传递函数分析

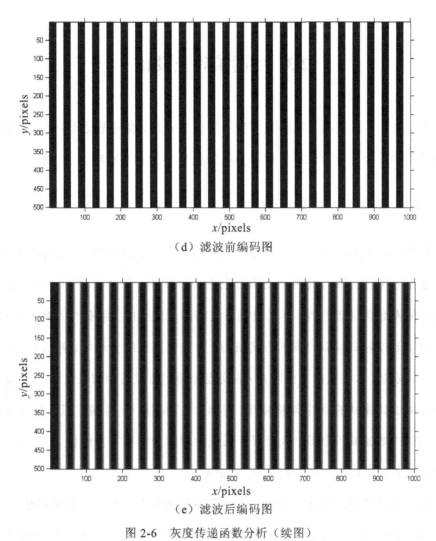

（d）滤波前编码图

（e）滤波后编码图

图 2-6　灰度传递函数分析（续图）

Fig.2-6　Transfer function analysis

比较图 2-6（d）和（e）可知，结构光系统传递函数具有低通特性。输入设计编码图的阶梯不连续边缘变化为斜坡边缘，且边缘的灰度信息具有一定的连续性。因此可根据该系统灰度传递函数分析设计适合结构光测量系统的亚像素图像提取算法，将在 2.4 节讨论。

2.3　实时编码光设计

针对动态场景表面三维形貌测量的结构光系统,编码光设计中要求投射的编码模式尽量少,且要保证编解码算法的低复杂性和高精度。

2.3.1　周期时空编码光设计

条纹编码作为一种一维编码方式,解码方便;二进制黑白条纹边缘编码有利于条纹边缘的提取,对各种噪声有很强的鲁棒性,如来自测量环境的噪声、被测物体表面自身颜色等。但二进制条纹编码多用于时间编码中,编码值利用在时间轴上投射多幅编码图的方式获得。为了保证系统分辨率,并减弱对时间连续性的限制,本节从两方面解决:条纹边缘码字通过其相邻条纹的灰度确定,这样利用了其邻域的特性实现编码,得到 2^{2n} 个码字(n 为编码图个数);利用空间周期性增加编码个数,从而保证系统的测量分辨率和实时性。因此,本节所设计的实时编码光为周期时空条纹编码。

为了保证周期时空条纹编码光中每个条纹边缘有一个唯一的编码值,编码值包括码字和周期索引值。编码值的第一位是空间周期数(0~3),后两位是码字,码字取决于两帧编码图中条纹边缘两侧的二进制灰度(0/1)。利用其空间周期性,循环四周期进行编码,这样可以获得 4×12 个编码值,所设计的编码图如图 2-7 所示。

图 2-7(a)和(b)表示了其编码值构成过程,其中图 2-7(a)为一个空间周期内码字的确定。一个空间周期上可得到 12 个码字,在相对应的十进制码字的百位上加入编码周期数可得到一个三位的编码值,这样就保证了编码值

的唯一性，如图 2-7（b）所示。图 2-7（c）和（d）为设计的两帧编码图。

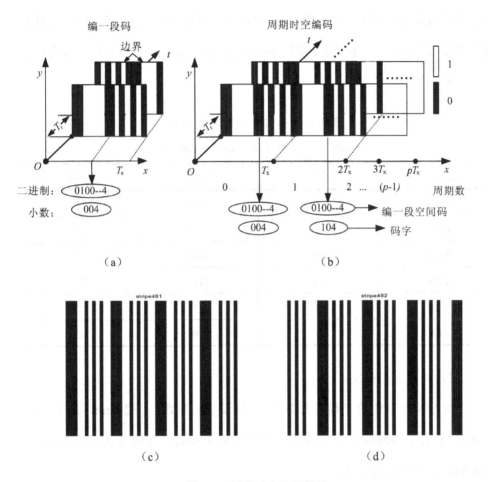

图 2-7　周期时空编码设计

Fig.2-7　Alternate time-space coded pattern

在空间周期编码设计过程中包括两个部分：其一是设计一个空间周期内的条纹编码；其二是根据空间周期性准则确定可使用的周期数 p。

（1）一个空间周期内码字的设计。

本节设计的编码光是使用两帧二进制（黑/白）条纹边缘编码光，这样每个条纹可以得到 4 位二进制码字（4bit：0～15），去除 4 个解码不可实现的条纹边缘（即两帧编码图中同时出现条纹边缘两次为全黑或全白的情况，该条纹边缘为不可识别边缘），可得到 12 个编码值，编码过程见图 2-7（a）。二进制码字的排列满足：前一个二进制码字的后两位数字和后一个码字的前两为数字相同，见表 2-1。

表 2-1　一个空间周期码字分布
Tab.2-1　Codes in a spatial period

二进制	小数	二进制	小数
0001	1	0010	2
0110	6	1000	8
1011	11	0011	3
1110	14	1101	13
1001	9	0111	7
0100	4	1100	12

（2）周期数的确定。

本节结构光系统的参数见表 2-2。系统设备的参数：f_p=24mm，F=1/1.75，δ=0.035mm，z=800mm，可计算得到系统的测量相对景深约为 $dz/z \approx 5.36\%$。结构光编码周期数的设计为

$$dU < \frac{dz}{z} \frac{N_x}{2} = \frac{5.36}{100} \frac{1392}{2} = 37.3\text{pixels}$$

$D/2$=37.3pixels

当相邻的同一编码值的距离满足式（2-17）时，空间周期性可以被应用到实时编码光设计中。该结构光系统中摄像机水平方向的像素个数为 1392pixels，那么得到的测量参数为

$$\left.\begin{array}{l} n_\mathrm{T} = 12\,\mathrm{stripes} \\ N_\mathrm{x} = 1392\,\mathrm{pixels} \\ D/2 = 37.3\,\mathrm{pixels} \end{array}\right\}$$

根据式（2-17）可得到：

$$\left.\begin{array}{l} \Delta > 2\,\mathrm{pixels} \\ 12\Delta > 74.6 \\ 12p\Delta < 1392 \end{array}\right\}$$

编码设计过程中所选取的周期数满足

$$p < 18.7$$

由于周期数为一整数，所以在实时周期时空编码中，周期数可选择为 $p=1$, 2, 3, 4, …, 18。考虑到与数据配准算法实时性的匹配，本书选取四个空间周期编码（$p=4$）。测量系统参数举例见表 2-2。

表 2-2　测量系统参数

Tab.2-2　An example of the measuring system parameters

系统参数	值
投影仪分辨率	1040×768 pixels
相机分辨率（$N_\mathrm{x} \times N_\mathrm{y}$）	1392×1040 pixels
LCD 投影仪尺寸	0.8 inch
投影仪的焦点	$f_\mathrm{p} \in [24, 38.2]$mm
投影仪镜头的孔径	$F \in [1/2.42, 1/1.75]$
最大测量范围	240mm×300mm
工作距离	800mm
相机转换规模	$k_\mathrm{x}=k_\mathrm{y}=4.65\times10^{-3}$ mm/pixels
X 方向的最大值	Max(x)=240/2=120mm
最大像素变形	$D/2$=37.3 pixels
空间周期数	4

2.3.2 周期时空编码光与其他编码光的性能比对

本节主要对基于空间周期性准则设计的周期时空编码光进行性能分析,并与现有主要的编码光进行比较。时间编码作为结构光编码中最常见的一种,具有易实现、空间分辨率高和高测量精度等优点,其缺陷是编码帧数多,不适合用于动态场景的三维形貌测量。而现行的实时系统多应用一帧编码模式的编码设计方案,如使用颜色或空间信息的伪随机编码,其不足是借助空间领域或颜色信息,限制了测量的空间分辨率和对应用背景的适应性。时空编码是对测量分辨率和时间连续性的一种折中。为了克服编码对时间连续性的依赖,本书把空间周期性引入到条纹时空编码中。因此,该周期时空条纹编码既能满足测量精度和分辨率的要求,又能适应对动态场景的测量。

下面把设计的新编码方式与现有的一些编码方式从编码帧数、编码效率、解码算法精度和对实时测量适应性等方面进行对比,结果见表 2-3。其中编码帧数直接影响系统的实时性和对动态场景的响应速度;解码精度直接影响系统的测量精度。

表 2-3 各种编码方式的性能比较

Tab.2-3 Characteristics of real-time structured light system due to different coded strategies.

方法	编码/模式	编码效率	M 进制	解码	是否适合动态场景
空间编码光 (L.Zhang)	125/1		N 进制	彩色二进制,彩色标定	是
时间编码光 (Posdamer)	$2^m/m$	$2^m/2^m$	二进制	黑/白,峰值	否

续表

方法	编码/模式	编码效率	M 进制	解码	是否适合动态场景
时空编码光 (Hall-Holt)	110/4	$110/2^8$	二进制	黑/白，边缘	是
周期时空编码光	64/2	$4\times2^4/2^4$	二进制	黑/白，边缘/峰值	是

表 2-3 中，从编码模式个数和适用于动态场景信息获取方面来看，空间伪随机编码最适用于动态场景数据获取的实时结构光系统，但其实现（如解码过程）要求进行颜色标定。而且该编码方式使用了颜色和空间信息，对环境和被测表面自身颜色的鲁棒性差。时间编码是一种高精度和高鲁棒性的编码方式，如二进制编码对表面颜色的鲁棒性强、解码过程简单；缺点是不适合动态场景的三维数据获取。时空编码是对时间编码和空间编码的折中，可用于对慢变化的三维形貌测量。如果在时空编码中应用空间周期性，可以提高系统在分辨率、实时性等方面的性能。当空间周期性被应用于 Hall-Holt[12]系统中，系统分辨率将会有很大的提高。由 2.2.2 分析可知，系统参数为

$$\left.\begin{array}{l} n_\text{T} = 110\text{stripes} \\ N_\text{x} = 640\text{pixels} \\ D/2 = 37.3\text{pixels} \end{array}\right\}$$

由式（2-17）可知

$$\left.\begin{array}{l} \Delta > 2 \\ 110\Delta > 74.6 \\ 110p\Delta < 640 \end{array}\right\}$$

得到 Hall-Holt 系统能使用的空间周期个数为

$$p < 2.9$$

当空间周期个数 $p=2$ 时，Hall-Holt 系统测量条纹边缘从 110 提高到 220，系统的测量分辨率将提高 2 倍。或者在保证 110 个条纹边缘的系统分辨率的条

件下，利用空间周期性减少编码模式的个数，提高系统的响应速度和实时性。

结合 2.2.1 和 2.3.1 的内容，本书所设计的周期时空编码光保证了解码的唯一性和可实现性，而其解码难度等同于条纹编码方式，保留了时间条纹编码的高精度和高分辨率的优点，但其在测量分辨率和实时性上的性能远高于时间条纹编码。

由于使用了空间周期性准则，周期时空编码光可以得到的编码效率为

$$\eta = \frac{N_{\mathrm{w}}}{2^n} = \frac{4 \times 12}{2^4} = 3$$

该编码方式较大地提高了编码效率，从而提高了系统的分辨率。为了保证系统的实时性要求（尽量减少编码模式的个数），采用两帧编码图，提高了系统的响应速度。周期时空编码光和时空编码光相比，提高了编码效率，进而提高了系统的分辨率和实时性。

2.4 解码

在结构光系统中，编码光的主要贡献是可以使用简单的图像处理解决立体视觉中对应点的提取问题，其对应点的提取主要取决于解码过程。而解码过程包括从测量图中提取出条纹边缘；借助两测量图中条纹边缘两侧的灰度信息和相关的空间周期信息解码确定出唯一的编码值，从而解决点对的匹配问题。因此，解码过程中相对应的算法包括条纹边缘分割算法和解码算法。

2.4.1 条纹边缘分割算法

结构光系统的三维形貌测量过程可认为是对被测表面再采样的三维形貌测量过程，其条纹边缘上的点即为被测点。因此，条纹边缘提取就是确定亚像

素级的条纹边缘，用于被测表面的三维信息计算。

使用亚像素技术是有前提的，即目标不是由孤立的单个像素点组成的，而必须是由特定灰度分布和形状分布的一组像素点组成的，且有明显的灰度变化和一定的面积大小[18]。图像处理的边缘是与灰度（或灰度导数）的不连续性相关联的，这种不连续性包括阶梯不连续性和脉冲不连续性。由 2.2.3 分析可知，由于结构光系统灰度传递函数的低通特性，输入设计编码图的阶梯不连续边缘变化为斜坡边缘，且边缘具有灰度信息连续性。灰度的变化不是孤立的单个像素点，而是由一组像素点组成的，符合亚像素提取的前提。

条纹边缘位于灰度变化最剧烈的区域，也就是灰度一阶导数的极大值或极小值的位置。在条纹提取过程的图像处理算法中，可首先使用基于梯度的边缘检测算法估计出边缘，再借助质心法确定边缘的亚像素位置。本书实时结构光三维形貌测量系统中条纹边缘的提取方法分为两步：

第一步，利用条纹边缘在灰度梯度上的变化特性（极值点）搜索出条纹边缘的位置。

第二步，利用质心法进行条纹边缘的亚像素提取。

为了避免极值点搜索的误差，利用卷积核 $H_1 = \begin{bmatrix} -1 & -1 & -1 \\ -1 & -9 & -1 \\ -1 & -1 & -1 \end{bmatrix}$ 对测量图进行

中值滤波（去除噪声），利用卷积核 $H_2 = \begin{bmatrix} -1 & 0 & 1 \\ -2 & 0 & 2 \\ -1 & 0 & 1 \end{bmatrix}$ 进行高频加强处理，再利

用基于梯度的条纹边缘提取算法搜索到黑白条纹边缘。

由于质心算法适用于对称图形的计算，该算法的优点在于参与计算的点个数多，充分利用了对称图像中每个点的灰度值，具有较高的质心坐标计算精度[18]。而对于条纹图而言，为了满足各点灰度在极值点两侧的对称性，采用下式：

$$\tilde{x} = \frac{\sum_{i=1}^{n} x_i \left| I(x_i, y) - I_0 \right|}{\sum_{i=1}^{n} \left| I(x_i, y) - I_0 \right|} \tag{2-23}$$

式中：$\tilde{x}$ 是计算得到的质心的亚像素横坐标；$I(x_i, y)$ 是各点灰度值；I_0 是极值点灰度；n 是特征点图像所占据的像素个数，且 $n \geq 2$。

2.4.2 解码算法

对于结构光系统而言，解码就是对应点匹配的实现过程。解码算法包括从两幅测量图中分别提取出各自的可见条纹边缘、匹配两测量图中的条纹边缘、借助两测量图中条纹边缘两侧的灰度信息和相关的空间周期信息确定出唯一的编码值。再根据解码得到的信息确定相关的标定信息，计算出该点的三维坐标值，完成其三维形貌测量。

由 2.3.1 可知，本系统的编码值是由条纹二进制灰度所决定的码字和周期索引值组成。因此，解码过程包括三部分：其一是选取适当的阈值 T 对测量图的二值化过程，根据条纹边缘两侧的二进制灰度确定其码字；其二是空间周期索引值的确定；其三是根据 2.2.2 确定一些容易混淆的码字，根据其码字分布的连续性，实现解码校验。

图像二值化经常采用阈值法，其中一些自适应阈值法应用比较广泛，它为图像中的每一个像素都按一定的算法给予一个阈值，有效解决了由被测景物表面漫反射引起的亮条纹扩散问题，优于传统的固定阈值法。由于背景干扰、投影仪光照不均匀和摄像机成像所带来的各种噪声[19]，这里使用双阈值（$T-\Delta T$，$T+\Delta T$）对测量图二值化。在阈值 T 的选择中，根据标定编码图中黑白条纹等间距（等概率）的特点，使用最大类间距原理确定阈值 T。条纹图被阈值 T 分

为两类，两类的距离为

$$s_b^2 = p_1(m_1 - m)^2 + p_2(m_2 - m)^2 \qquad (2\text{-}24)$$

式中：$p_1 = \dfrac{N_1}{N}$，$p_2 = \dfrac{N_2}{N}$；N_1、N_2 和 N 分别为两类和所有像素的个数；p_1 和 p_2 是两类的概率；m_1 和 m_2 是两类的灰度均值；m 是所有像素的灰度均值。

为了确定周期索引值，在标定过程中使用共面标定物实现对测量视场的分割。测量视场被分为 p 个区域，周期索引值可被确定（如图 2-8 所示）。

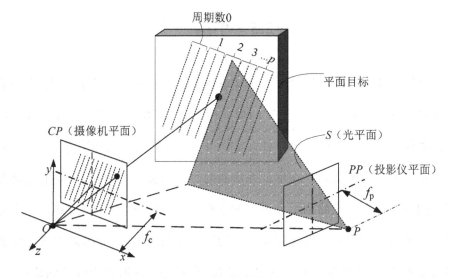

图 2-8 空间周期数的确定

Fig.2-8 Determining the period number using planar target

为了解码出准确的编码值，解码校验是很有必要的。根据空间周期性分析可知，摄像机成像平面上条纹偏移的最大值 $D/2$ 和每个条纹所占有的像素个数分别为

$$D/2 = 37.3\text{pixels}$$

$$\Delta = 1000/48\text{pixels}$$

易混淆编码值的个数可定义为：

$$t = \text{int}\left(\frac{D/2}{\Delta}\right) + 1 = 2 \qquad (2\text{-}25)$$

式中：int()为取整函数。易混淆的编码值为 012,101,112,201,…… 每个空间周期中，这些码字称为过渡码字（12,01）。根据这些过渡码字的空间连续特性（如码字 12 的空间周期数小于码字 01 的空间周期索引值，过渡码字的相邻码字的连续特性等），实现码字的校验。

2.5　小结

本章的主要研究内容是设计适合动态场景三维形貌测量的编码光。在研究条纹偏移机理的基础上，提出了空间周期性准则，即确定了在编码光设计中使用空间周期性必须满足的约束条件。当空间周期性被应用到结构光编码中，测量分辨率将有很大的提高（在保证系统实时性的前提下），测量系统的实时性有很大的提高（在一定的测量分辨率的条件下）。结合时空编码方式，本书提出了一种新的实时编码光设计方案——周期时空条纹编码。该编码方式在保证了测量分辨率、精度和编解码复杂度的情况下，减弱了对时间连续性的依赖（减少了编码模式的个数），进而实现了对动态场景的三维形貌测量。

参考文献

[1] E. B. Mouaddib, J. Salvi. Recent progress in structured light in order to solve the correspondence problem in stereo vision[C]. IEEE International Conference on Robotics and Automation, 1997, 1:130-136.

[2]   J. Salvi, P. Jordi, J. Batlle. Pattern codification strategies in structured light systems[J]. Pattern Recognition, 2004, 37(4):827-849.

[3]   M. Maruyama, S. Abe. Range sensing by projecting multiple slits with random cuts[J]. Transactions on Pattern Analysis and Machine Intelligence 1993, 15(6):647-651.

[4]   Zhang Li, B. Curless and S. M. Seitz. Rapid shape acquisition using color structured light and multi-pass dynamic programming[C]. Proceedings First International Symposium on 3D Data Processing Visualization and Transmission, 2002, 24-36.

[5]   J. Pages, J. Salvi, C. Collewet, J. Forest. Optimised De Bruijn patterns for one-shot shape acquisition[J]. Image and Vision Computing, 2005, 23(8):707-720.

[6]   J. Salvi, J. Batlle, E. Mouaddib. A robust-coded pattern projection for dynamic 3D scene measurement[J]. Pattern Recognition Letters, 1998, 19(11):1055-1065.

[7]   C. H. Guan, L.G. Lau. Composite structured light pattern for three-dimensional video[J]. Optics Express, 2003, 11(5):406- 417.

[8]   H. M. Yue, X. Y. Su, Y. Z. Liu. Fourier transform profilometry based on composite structured light pattern[J]. Optics & Laser Technology, 2007, 39(6):1170-1175.

[9]   T. P. Koninckx, I. Geys, T. Jaeggli, L. Van Gool. A graph cut based adaptive structured light approach for real-time range acquisition[C]. Proceeding 2nd International Symposium on 3D Data Processing, Visualiztion and Transmission, 2004, 413- 421.

[10] J. Davis, D. Nehab, R. Ramamoorthi, S. Rusinkiewicz. Spacetime stereo: a unifying framework for depth from triangulation[J]. IEEE Transactions on Pattern Analysis and Machine Intelligence, 2005, 27(2):296-302.

[11] O. Hall-Holt, S. Rusinkiewicz. Stripe boundary codes for real-time structured-light range scanning of moving objects[C]. Proceeding of the IEEE International Conference on Computer Vision, 2001, 2, 359-366.

[12] S. Rusinkiewicz. Real-time acquisition and rendering of large 3D models[D]. Stanford University, 2001.

[13] J. A. Quiroga, D. Crespo, J. Vargas, J. A. Gomez-Pedrero. Adaptive spatiotemporal structured light method for fast three-dimensional measurement[J]. Optical Engineering, 2006, 45(10):107-203.

[14] 张昊明，钟约先. 结构光编码的 MATLAB 程序优化设计[J]. 光学技术，2003，29(4)：493-497.

[15] 董斌，尤政，李颖鹏，杨韧. 基于空间二进制编码的 3-D 形貌测量方法[J]. 光学技术，1999，5：33-36.

[16] R. C. Daley, L. G. Hassebrook. Improved light sectioning resolution by optimized thresholding[J]. Proceeding of SPIE- The International Society for Optical Engineering, 1997, 2909:151-160.

[17] 贾红宇. 灰度编码结构光图案二值化阈值的优化方法[J]. 哈尔滨理工大学学报，2005，10(2)：41-43.

[18] 雷志辉，于起峰. 用亚像素方法提取条纹边界[C]. 第八届全国实验力学学术会议论文集，1995.

[19] 吴海滨，于晓洋，关丛荣. 基于灰度曲线交点的结构光编码条纹边缘检测[J]. 光学学报，2008，28(6)：1085-1090.

第 3 章　结构光系统标定方法的研究

对于条纹结构光系统而言，建模和标定方法是实现实用化的关键。标定方法的可操作性、稳定性和精度直接影响到动态场景三维形貌测量系统的精度和实时性。

本章首先分析了摄像机成像模型和光平面约束关系，推导了系统的测量模型。在 D.Q.Huynh[1]和徐光祐[2]所提出的利用交比不变原理获取结构光标定点的基础上，提出了基于平面靶标的光平面标定方法，设计了相对应的平面靶标，并对各个计算过程进行了鲁棒性分析。该标定方法减少了图像处理过程所引入的误差和多次交比不变计算标定点所带来的累积误差，并能一次性得到多组高精度的标定点，提高结构光系统的标定精度；并对标定方法进行了实验验证，证明了该标定原理的有效性。

3.1　结构光系统建模

如图 3-1 所示，结构光系统主要由摄像机和投影仪构成。O 和 P 分别为摄像机的成像中心和投影仪的投影中心，平面 CP 和 PP 分别为摄像机的成像平面和投影仪的投影平面。为了实现对结构光系统建模，本节从摄像机的成像模型和光平面建模出发，推导出结构光系统的几何模型，实现了从二维图像数据中恢复出对应三维数据。

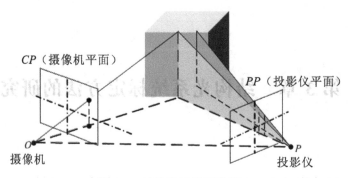

图 3-1　结构光系统示意图

Fig.3-1　Structure of structured light system

3.1.1　成像模型

摄像机的成像几何模型是光学成像几何的简化,通常选用的摄像机模型为小孔透视模型（Pin-hole model）,这是一种最常用的理想状态模型,其物理上相当于薄透镜成像。它的最大优点是成像关系是线性的,简单实用而不失准确性。在小孔摄像机模型上进行一个修正,考虑径向畸变,得到如下几何模型[3],如图 3-2 所示。

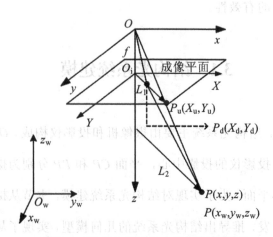

图 3-2　带径向畸变的小孔摄像机模型

Fig.3-2　Pin-pole camera model with radial distortion

（1）三维空间刚体位置变换，即从世界坐标系坐标（x_w, y_w, z_w）到摄像机坐标系坐标（x, y, z）：

$$\begin{bmatrix} x \\ y \\ z \end{bmatrix} = R \cdot \begin{bmatrix} x_w \\ y_w \\ z_w \end{bmatrix} + T \tag{3-1}$$

式中：R 为 3×3 的正交旋转变换阵；T 为 3×1 的平移矢量。

（2）小孔摄像机模型下的理想投影变换，即三维摄像机坐标（x, y, z）到二维图像的坐标值（X_u, Y_u）：

$$\begin{aligned} X_u &= f\frac{x}{z} \\ Y_u &= f\frac{y}{z} \end{aligned} \tag{3-2}$$

式中：f 为摄像机的等效焦距。

（3）若只考虑径向畸变，可用一个二阶多项式表示理想图像坐标（X_u, Y_u）到实际图像坐标的变换（u, v）：

$$\begin{aligned} u &= \frac{X_u(1+\rho r^2)^{-1}}{a_x} + u_0 \\ v &= \frac{Y_u(1+\rho r^2)^{-1}}{a_y} + v_0 \end{aligned} \tag{3-3}$$

式中：$r^2 = X_u{}^2 + Y_u{}^2$；ρ 为畸变系数；a_u 和 a_v 分别为成像平面上沿水平方向的 u 轴和垂直方向的 v 轴的尺度因子；（u_0, v_0）是像平面的主点坐标，即摄像机光轴与成像平面交点的图像坐标。

由以上分析得到摄像机的成像模型为

$$A = \begin{bmatrix} a_u & s & u_0 \\ 0 & a_v & v_0 \\ 0 & 0 & 1 \end{bmatrix}$$

$$k \begin{bmatrix} u \\ v \\ 1 \end{bmatrix} = A \begin{bmatrix} R & T \end{bmatrix} \begin{bmatrix} x_{\mathrm{w}} \\ y_{\mathrm{w}} \\ z_{\mathrm{w}} \\ 1 \end{bmatrix} \tag{3-4}$$

式中：$a_u = \dfrac{f}{d_{\mathrm{x}}}$ 和 $a_v = \dfrac{f}{d_{\mathrm{y}}}$ 分别表示成像平面上沿水平方向的 u 轴和垂直方向的

v 轴的尺度因子；d_{x} 和 d_{y} 分别表示成像平面上相邻两个特征点在水平和垂直方向上的物理距离。

3.1.2 光平面模型

如图 3-3 所示，在条纹结构光系统中，投影光源被近似为点光源（投影中心 P）。由投影中心 P 和一个编码条纹 l 构成一个光平面，该平面投射到三维场景中，与被测物体表面相交上曲线 L，曲线 L 上的各点为三维采样点，满足共面特性。这就是所谓的光平面共面特性。根据这个特性，当编码条纹投影到三维场景中，条纹会因场景表面形状调制而变形，但各采样点仍然会满足其共面的特性，如图 3-3 所示。

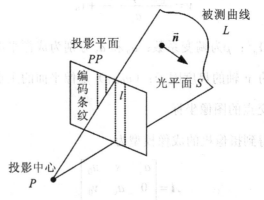

图 3-3 光平面投影示意图

Fig.3-3 Projecting model of light-plane in structured light system

根据共面的约束关系，建立光平面模型为[2,4]

$$n_x x + n_y y + n_z z = d \qquad (3-5)$$

式中：$\vec{n} = \begin{bmatrix} n_x, n_y, n_z, d \end{bmatrix}$ 为光平面法向量参数。

3.1.3 结构光系统测量模型

结构光系统的测量模型如图 3-4 所示，以摄像机的成像中心为世界坐标系的中心 O，光轴为 z 轴构成世界坐标系 $Oxyz$。投影仪被近似认为一点光源，P 为投影仪的投影中心。

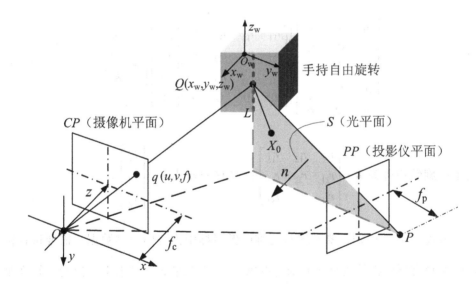

图 3-4 结构光系统测量模型

Fig.3-4 Modeling in structured light system

在这一模型中，各坐标值均统一在摄像机坐标系下，摄像机的成像过程近似为小孔成像模型。根据 3.1.1 和 3.1.2 分析可知，当 $d \neq 0$ 时系统建模可以表示为

$$\begin{bmatrix} a_u & s & u_0 \\ 0 & a_v & v_0 \\ 0 & 0 & 1 \\ \dfrac{n_x}{d} & \dfrac{n_y}{d} & \dfrac{n_z}{d} \end{bmatrix} \begin{bmatrix} x \\ y \\ z \end{bmatrix} = \begin{bmatrix} ku \\ kv \\ k \\ 1 \end{bmatrix} \tag{3-6}$$

式中：(x,y,z) 为被测物点在摄像机坐标系下的坐标值；(u,v) 为该点成像于 CCD 像面上的坐标值；k 为成像过程的径向放大倍数。

将式（3-6）的数学建模坐标系转换为世界坐标系 $O_w x_w y_w z_w$ 下，系统建模公式可表示为：

$$\begin{bmatrix} a_u & s & u_0 \\ 0 & a_v & v_0 \\ 0 & 0 & 1 \\ \dfrac{n_x}{d} & \dfrac{n_y}{d} & \dfrac{n_z}{d} \end{bmatrix} \left\{ \begin{bmatrix} r_{11} & r_{12} & r_{13} & T_x \\ r_{21} & r_{22} & r_{23} & T_y \\ r_{31} & r_{32} & r_{33} & T_z \\ 0 & 0 & 0 & 1 \end{bmatrix} \begin{bmatrix} x_w \\ y_w \\ z_w \\ 1 \end{bmatrix} \right\} = \begin{bmatrix} ku \\ kv \\ k \\ 1 \end{bmatrix} \tag{3-7}$$

式中：旋转矩阵为 $\boldsymbol{R} = \begin{bmatrix} r_{11} & r_{12} & r_{13} \\ r_{21} & r_{22} & r_{23} \\ r_{31} & r_{32} & r_{33} \end{bmatrix}$；平移向量为 $\boldsymbol{T} = \begin{bmatrix} T_x \\ T_y \\ T_z \end{bmatrix}$。

由式（3-7）可知，要实现从两维图像坐标中恢复出三维数据，需要进行标定的参数有摄像机的内部参数 A[由焦距 f、成像平面上沿水平方向的 u 轴和垂直方向的 v 轴的尺度因子（dx,dy）、像平面的主点坐标（u_0,v_0）构成]、外部参数（旋转矩阵 $\boldsymbol{R}$ 和平移向量 $\boldsymbol{T}$）及光平面参数（法向量 $\vec{\boldsymbol{n}} = \begin{bmatrix} n_x, n_y, n_z, d \end{bmatrix}$）。

3.2 结构光系统的标定方法

由 3.1.3 分析可知，系统标定参数可分为摄像机的内部参数 A、外部参数

R 和 T、光平面参数 $\bar{n}$。因此，结构光系统标定分为两步：第一步是借助已知特征点完成摄像机内外参数（A,R,T）的标定；第二步是光平面标定，使用靶标上特征点间接求得标定点的三维坐标，从而求解出光平面参数 $\bar{n}$。其中，对于摄像机标定部分，本书所使用的方法是基于 Tsia 的摄像机标定方法[5-7]。该法已经有详细的介绍，这里不作详细分析。本节重点在于光平面的标定原理分析。

3.2.1　基于平面靶标的光平面标定方法

光平面标定过程主要涉及标定点的获取和光平面参数的标定，其中标定点的获取是重点和难点。根据系统模型可知，投影中心和编码条纹所构成的光平面与被测场景表面的相交曲线上的点为采样点。而靶标上已知的三维点很难恰好位于结构光光平面上，三维标定点很难直接获取。D.Q.Huynh[1]和徐光祐[2]先后提出了利用交比不变原理获取结构光标定点的方法。张广军等[8-11]在此基础上，提出了基于双重交比不变原理获取标定点的标定方法。该方法的基本思路是通过标定靶标上已知精确坐标的共线特征点（至少三个），利用交比不变原理来获得投影条纹与已知三点所在直线上的交点坐标，从而得到较高精度的光平面上的标定点。前两种方法的问题是标定点数量较少；后者的问题是利用双重交比不变原理得到的标定点存在着多次交比不变求解过程的累积误差。

为了获得更多、更高精度的标定点，提高结构光系统的标定精度，本节提出了一种基于平面靶标的结构光系统标定点获取方法。该方法可以降低图像处理过程所引入的误差，并能一次性得到多组高精度的标定点，从而提高结构光系统的标定精度。

下面从标定点的间接获取和光平面参数的估计两方面进行分析。

（1）标定点求解。

如图 3-5 所示，假设条纹编码光投射到平面靶标上为直线，靶标平面上有共线特征点 A_1, A_2, A_3（位于直线 F_{12} 上），a_1, a_2, a_3（位于直线 f_{12} 上）为其相对应的图像点。光平面与靶标平面上共线特征点所在的直线的交点为 R_1，称为标定点；r_1 为其相对应的图像坐标。

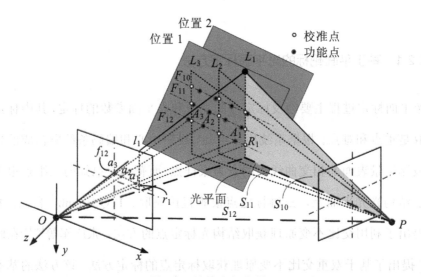

图 3-5 结构光标定原理

Fig.3-5 Principal of calibration in structured light system

以 O 为射影中心，共线的四点 (a_1, a_2, a_3, r_1) 和相对应的共线四点 (A_1, A_2, A_3, R_1) 定义的交比分别为

$$Cr(a_1, a_2, a_3, r_1) = \frac{a_1 - r_1}{a_2 - r_1} : \frac{a_1 - a_3}{a_2 - a_3} \qquad (3-8)$$

$$Cr(A_1, A_2, A_3, R_1) = \frac{A_1 - R_1}{A_2 - R_1} : \frac{A_1 - A_3}{A_2 - A_3} \qquad (3-9)$$

根据交比不变原理可知[12,13]

$$Cr(a_1, a_2, a_3, r_1) = Cr(A_1, A_2, A_3, R_1) \tag{3-10}$$

可得 R_1 的坐标为

$$R_1 = \frac{Cr \times A_2 \times (A_1 - A_3) - A_1 \times (A_2 - A_3)}{Cr \times (A_1 - A_3) - (A_2 - A_3)} \tag{3-11}$$

化简为

$$R_1 = \frac{(a_1 - r_1)(a_2 - a_3)(A_2 A_1 - A_2 A_3) + (a_2 - r_1)(a_1 - a_3)(A_1 A_3 - A_1 A_2)}{(a_1 - r_1)(a_2 - a_3)(A_1 - A_3) + (a_2 - r_1)(a_1 - a_3)(A_3 - A_2)} \tag{3-12}$$

特征点 (a_1, a_2, a_3) 的图像坐标可通过图像处理获得，r_1 图像坐标可通过共线特征点的拟合直线 f_{12} 和光平面与靶标平面交线 L_1 成像在摄像机成像平面的拟合直线 l_1 的交点求得。在图像平面上，共线特征点的拟合直线方程 f_{12} 和平面靶标上的交线 l_1 分别为 $k_1 u_r + v_r = b_1$ 和 $k_2 u_r + v_r = b_2$，标定点图像坐标 (u_r, v_r) 满足

$$\begin{bmatrix} k_1 & 1 \\ k_2 & 1 \end{bmatrix} \begin{bmatrix} u_r \\ v_r \end{bmatrix} = \begin{bmatrix} b_1 \\ b_2 \end{bmatrix} \tag{3-13}$$

由式（3-13）可以看出，标定点的图像坐标提取是最小二乘意义下真实值的逼近，误差远小于单纯的图像处理误差。因此，理论上可以大大减少图像提取所引入的计算误差。

由于在实际计算中，参与交比计算的特征点只有 3 个，所以计算结果很容易受到特征点随机噪声的影响。为了克服随机误差的影响，所选取的靶标上共线特征点多于 3 个。取 $N \geq 3$ 个共线特征点与 M（$M = C_N^3$）组合计算特征点坐标，然后取均值的方法得到该标定点的坐标值[14]。

$$R_k = \frac{1}{M} \sum_{i=1}^{M} R_i \tag{3-14}$$

为了获得多组非共线的标定点，可以从两方面进行：如图 3-5 所示，平行

直线 F_{10}、F_{11} 和 F_{12} 与光平面直线 L_1 相交可得到多组标定特征点；任意移动平面靶标（标定靶标从位置 1 移动到位置 2），也可获得多组标定点。利用所得到的多组标定点（x_i, y_i, z_i）（$i=1,2,\dots,m$）对光平面参数进行估计，可提高系统的标定精度。

（2）光平面参数估计。

根据 3.1.3 分析可知，光平面标定方程可写为线性方程组求解：

$$A_{i\times3}n = b_{i\times1} \tag{3-15}$$

式中：$A_{i\times3} = \begin{bmatrix} x_0 & y_0 & z_0 \\ x_1 & y_1 & z_1 \\ \dots & \dots & \dots \\ x_{i-1} & y_{i-1} & z_{i-1} \end{bmatrix}$ 为标定点所构成的系数矩阵；i 为标定点的个数（$i \geqslant 3$）；$\vec{n} = [n_x, n_y, n_z, d]$ 为光平面参数；b 为单位向量。

理论上三组标定点就能求解出光平面参数，为了保证光平面参数的准确性，要使用多组标定点用于光平面参数的估计。为了精确地估计出光平面参数 $\vec{n} = [n_x, n_y, n_z, d]$，使用迭代方法进行优化。用于优化的目标函数为点到平面的欧式距离的平方和[15]，即

$$e(\alpha) = \sum_{i=1}^{m} D_i^2 \tag{3-16}$$

式中：$\alpha = \left(\dfrac{n_x}{d}, \dfrac{n_y}{d}, \dfrac{n_z}{d}\right)$；$D_i = \dfrac{\left|\dfrac{n_x}{d}x_{wi} + \dfrac{n_y}{d}y_{wi} + \dfrac{n_z}{d}z_{wi} + 1\right|}{\sqrt{\left(\dfrac{n_x}{d}\right)^2 + \left(\dfrac{n_y}{d}\right)^2 + \left(\dfrac{n_z}{d}\right)^2}}$。

通过最小化目标函数

$$\min e(\alpha) = \min \sum_{i=1}^{m} D_i^2 \tag{3-17}$$

采用牛顿迭代算法[16]，得到结构光光平面参数的准确估计值。

3.2.2　标定过程鲁棒性分析

从 3.2.1 分析可知，结构光系统光平面标定的计算过程主要由三部分组成：标定点图像坐标的求解、标定点三维坐标求解和光平面参数的估计。为了能更有效地指导标定实验设计，下面对这三个计算过程进行相应的鲁棒性分析。

（1）标定点图像坐标求解的鲁棒性分析。

由光平面标定原理可知，标定点是共线特征点的拟合直线与平面靶标测量直线的交点。在标定点图像坐标的求解过程中，为了避免引入数值计算带来的误差，要保证两组直线斜率满足如下要求：

$$\left.\begin{aligned} 0<|k_1|<\infty \\ 0<|k_2|<\infty \\ \begin{vmatrix} k_1 & 1 \\ k_2 & 1 \end{vmatrix} \neq 0 \end{aligned}\right\} \qquad (3\text{-}18)$$

因此，为了提高标定实验的精度，在实验设计中，共线特征点的拟合直线和平面靶标光平面的斜率满足以上公式。在本书实验过程中，选取共线特征点的拟合直线和光平面的夹角 θ 满足 $\theta = 30°$ 或 $\theta = 60°$。

（2）标定点三维坐标求解的鲁棒性分析。

在实际计算中，由于参与交比计算的特征点只有 3 个，所以计算结果很容易受到特征点随机噪声的影响。为了克服随机误差的影响，可使用多组特征点计算标定点，并通过统计分析的方法，得到高精度的标定点。

如图 3-6（a）所示，由对一标定点坐标的多组求解数据的直方图分析可知，大多计算数据都集中在 347.5mm 附近。但由于存在随机误差，出现一些偏离点，除去这些偏离较大的点可提高计算精度，比较结果如图 3-6（b）和（c）

所示。为了进一步验证直方图分析对交比不变求解标定点的精度的影响，比较直方图分析前后的误差分布如图 3-7 所示。

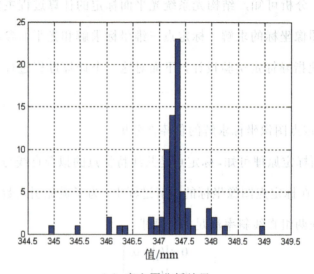

（a）直方图分析结果

（a）is the result of histogram

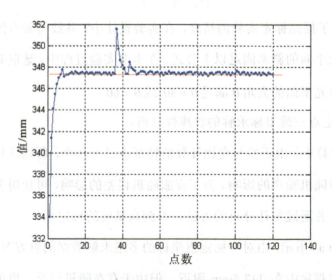

（b）去除误差较大值前标定点坐标

（b）is the distribution of calibration points before histogram processing

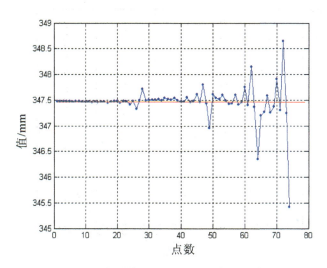

（c）为利用直方图分析去除误差较大值后标定点坐标

（c）is the distribution of calibration points after histogram processing

图 3-6   交比不变求解标定点的不确定性分析

Fig.3-6   Uncertainty analysis during calculating calibration points

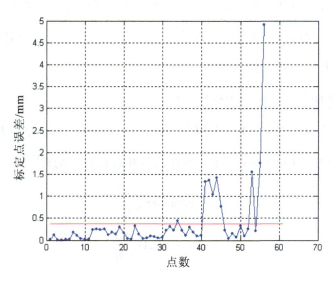

（a）去除误差较大点之前的误差分布

（a）is error distribution before histogram processing

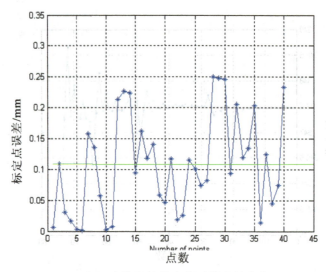

（b）去除误差较大点后的误差分布

（b）is error distribution after histogram processing

图 3-7   交比不变求解标定点误差分布

Fig.3-7   Error distribution during calculating calibration points using cross-ratio invariance

根据以上分析可知，为了提高标定点坐标的求解精度，可以从两个方面进行计算：其一，使用 $N \geqslant 3$ 个共线特征点参与计算；其二，通过相应的统计分析除去一些随机误差引起的错误点。

（3）光平面参数求解的鲁棒性分析。

设系数矩阵 A 有扰动 δA，且 $||A^{-1}||\,||\delta A||<1$，以 x 和 $x+\delta x$ 分别表示方程组 $Ax=b$ 及扰动方程组 $(A+\delta A)(x+\delta x)=b$ 的精确解和近似解，则有[17]：

$$\frac{\|\delta x\|}{\|x\|} \leqslant \frac{\mathrm{cond}(A)\dfrac{\|\delta A\|}{\|A\|}}{1-\mathrm{cond}(A)\dfrac{\|\delta A\|}{\|A\|}} \qquad (3\text{-}19)$$

式中：$\mathrm{cond}(A)$ 为系数矩阵 A 的条件数，$\mathrm{cond}(A)=||A^{-1}||\,||A||$。

由式（3-19）可知，$\mathrm{cond}(A)$ 是解的相对误差相对右端项的相对误差的最大放大倍率，即 cond(*A*)越大，δA 对线性方程组（3-15）解的影响越大。根据矩阵论[16]可知，当 cond(*A*)接近于 1 时，系数矩阵 *A* 对噪声的鲁棒性最强。对于 cond(*A*)大的矩阵，小的误差可能引起解的失真，方程组（3-15）为病态方程。

长系数矩阵 *A* 的条件数达到极小值 1 所要满足的充要条件是 *A* 为列满秩，且为正交矩阵[17]。系数矩阵的特性主要取决于标定点之间的分布，因此，可以以系数矩阵 *A* 的条件数为参考依据来合理移动二维工作台，求得多组标定点。

3.3 标定实验

在实验设计上，本书使用一个二维平移台和一块平面标定靶标求解出一系列光平面上的标定点，进而标定出系统的各参数。所搭建的视觉系统如图 3-8 所示，该系统包括一个 EPSON EMP-821LCD 投影仪（分辨率为 1024×768）、一个 CoolSNAP cf CCD 摄像机（像素尺寸为 4.65μm×4.65μm，分辨率为 1392×1040）、一个平面靶标（尺寸为 300mm×300mm，包括 10×10 个特征点即两交叉线的交点，均匀分布在 10 条相互平行的直线上，交叉点间距为 3mm×3mm，坐标加工精度±0.05mm）和一个二维平移台（平移精度为 ±0.02mm），如图 3-9 所示。

具体的系统标定过程如下：

第一步，利用特征点的已知信息进行摄像机标定。平面靶标固定在二维台上，投影仪投射编码涂于平面靶标上，摄像机采集相关图像。提取特征点（即两交叉线的交点）的图像坐标，利用已知的特征点三维坐标（$A_1,A_2,...,A_{10}$）及其图像坐标（$a_1,a_2,...,a_{10}$）进行摄像机标定，获得特征点的世界坐标系和摄像机坐标系之间的坐标转换矩阵（**R, T**）。

图 3-8　结构光标定实验系统

Fig.3-8　System of structured light calibration

（a）二维平移台　　　　　　　　　　　　（b）平面靶标

图 3-9　二维平移台和平面靶标实物图

Fig.3-9　Platform with two directional shuttle and planar target used in calibration

第二步，计算标定点的图像坐标 $r_1(u_{r1}, v_{r1})$。图像边缘检测算法从平面靶标实际采集图提取出编码条纹。由于实际图像中存在噪声、CCD 和投影仪制造误差等影响，利用最小二乘的方法对特征点的像坐标拟合所在的直线方程和平面靶标实际采集图中提取出条纹的直线方程，两组直线的交点为标定点的图像坐标 $r_1(u_{r1}, v_{r1})$。

第三步，利用交比不变原理和式（3-12）求解出标定点 R_1 的局部世界三维坐标 $(x_{wr1}, y_{wr1}, z_{wr1})$。

第四步，多次移动二维平移台，获得多组不共线的标定点。为了得到多组标定点，在测量视场满足的情况下从两个方向上移动平移台，经过以上三步的计算获得多组标定点。

第五步，利用多组标定点求解光平面参数 $\vec{n} = \begin{bmatrix} n_x, n_y, n_z, d \end{bmatrix}$。为了避免标定点获取误差对系统参数标定的影响，采用多组标定点最小二乘拟合的方式获取标定参数。

下面从标定实验的各个细节进行分析。

（1）特征点分布。

根据 3.2.1 分析可知，标定点是通过平面靶标上的特征点间接得到的，通过光平面与多条平行直线相交和多次平移靶标得到多组非共线的标定点，从而获得光平面参数。摄像机内外参数的标定也是借助特征点完成的。因此，靶标上特征点的精度和分布影响了摄像机标定和光平面标定的精度和有效性。

本系统设计一个平面靶标，如图 3-10（a）所示。以靶标左上角交叉点为原点，建立局部世界坐标系，X_w 和 Y_w 轴分别为平面靶标的两边，Z_w 轴垂直靶标平面。根据 3.2.2 的分析，在实验过程中，共线特征点的拟合直线和光平面的夹角 θ 满足 $0 < \theta < 90°$。实际标定实验取 θ 约为 30° 或 60°，平面靶标的实测结

果如图 3-10（b）所示。特征点的图像和三维坐标分布如图 3-11 所示。

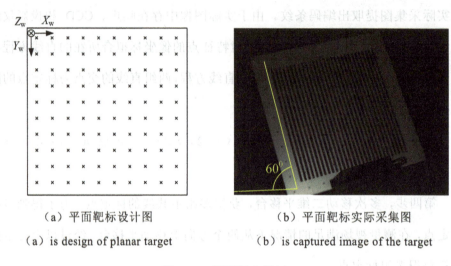

（a）平面靶标设计图　　　　　　　　　（b）平面靶标实际采集图

（a）is design of planar target　　　　（b）is captured image of the target

图 3-10　平面标定靶标

Fig.3-10　Planar target used in calibration processing

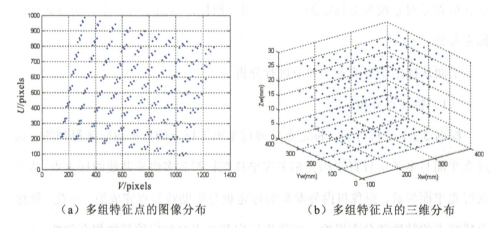

（a）多组特征点的图像分布　　　　　　（b）多组特征点的三维分布

（a）are respectively those on image coordinate　（b）are respectively those on 3D coordinate

图 3-11　特征点分布

Fig.3-11　Distruction of feature points during calibration in structured light system

利用已知特征点的图像坐标和相应的三维坐标，得到摄像机标定参数为：

外部参数：

$$R = \begin{bmatrix} 0.94854 & 0.23462 & -0.21268 \\ -0.15522 & 0.9286 & 0.33705 \\ 0.27657 & -0.2867 & 0.91723 \end{bmatrix}, \quad T = \begin{bmatrix} -261.66 & -156.07 & 891.03 \end{bmatrix}^{T}$$

内部参数：

$$A = \begin{bmatrix} 7.148 \times 10^{-5} & 1 & 696 \\ 0 & 7.148 \times 10^{-5} & 520 \\ 0 & 0 & 1 \end{bmatrix}, \quad f=15.372\text{mm}, \quad \rho=5.6855 \times 10^{-4}$$

（2）标定点的分布。

根据 3.2.2 的分析，为了尽量满足标定点系数矩阵 A 条件数达到极小值的条件，本系统的实验设计采用两种方式获取多组标定点。其一是采用多条平行线和条纹直线相交获取多组标定点；其二是从 y_w 方向和 z_w 方向多次移动平面靶标获取标定点。标定实验中多平行直线分布如图 3-12 所示，用 5 组平行直线 F_{10}、F_{11} 和 F_{12} 与光平面直线 L_1 相交，可得到多组标定点。标定实验设计靶标移动的位置，如图 3-13 所示，平面靶标随着平移台从 Y_w 和 Z_w 两个方向上移动四个位置（位置 0,…,3）。得到标定点的图像和三维分布如图 3-14 所示。

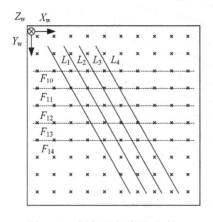

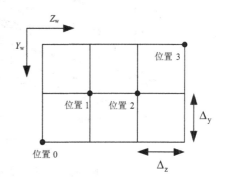

图 3-12　靶标平行直线分布

图 3-13　靶标的移动位置

Fig.3-12　Parallel lines on planar target

Fig.3-13　Positions of target during calibration processing

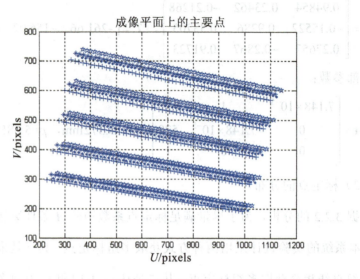

（a）特征点的图像分布

（a）the imaging distribution of feature points

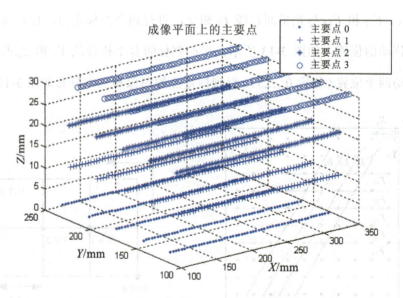

（b）特征点的三维分布（局部世界坐标系下）

（b）the 3D distribution of feature points

图 3-14　标定点分布

Fig.3-14　Distribution of feature points

这样系数矩阵 A 可表示为：

$$A_{n\times3} = \begin{bmatrix} x_0 & y_0 & z_0 \\ x_1 & y_0 + 0\times\Delta_y + 1\times d & z_0 + 0\times\Delta_z \\ \cdots & \cdots & \cdots \\ x_p & y_0 + 0\times\Delta_y + j\times d & z_0 + 0\times\Delta_z \\ \cdots & \cdots & \cdots \\ x_{n-1} & y_0 + i\times\Delta_y + j\times d & z_0 + k\times\Delta_z \end{bmatrix}$$

$$A_{n\times3} = P^{\mathrm{T}} \begin{bmatrix} x_0 & y_0 & z_0 \\ x_1 - x_0 & 0\times\Delta_y + 1\times d & 0\times\Delta_z \\ \cdots & \cdots & \cdots \\ x_p - x_0 & 0\times\Delta_y + j\times d & 0\times\Delta_z \\ \cdots & \cdots & \cdots \\ x_{n-1} - x_0 & i\times\Delta_y + j\times d & k\times\Delta_z \end{bmatrix} \tag{3-20}$$

式中：i、j 和 k 分别为同一平面靶标上平行直线的选取个数，平面靶标分别在 y_w 和 z_w 方向上的移动次数；d、Δ_y 和 Δ_z 分别表示平行直线和靶标在 y_w 和 z_w 方向移动的距离；P 为置换矩阵。

因此，可以以系数矩阵 A 的条件数为参考依据，合理移动二维工作台，求得多组标定点。在实际实验的过程中，为了保证法向量受到扰动的影响最小，在视场限制条件下，尽可能地扩大标定点之间的位置（尽可能地扩大 d、Δ_y 和 Δ_z 距离），保证用于求解法向量标定点数据的有效性。

在求解标定点的过程中，包含了两组共面的约束关系：其一是在同一个平面靶标上的 48 组光平面上的标定点；其二是对于某一个光平面而言，5 条平行特征点拟合直线和 4 组平移位置的标定点（共 20 个标定点）共面。相关分布如图 3-15 所示，可根据这两组共面约束关系检验标定中间参数的有效性。

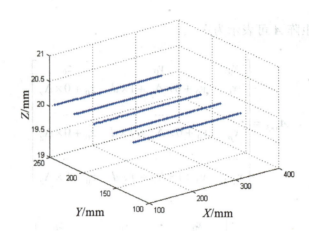

（a）一平面靶标上多组标定点的共面特性

（a）some points on same planar target are coplanar

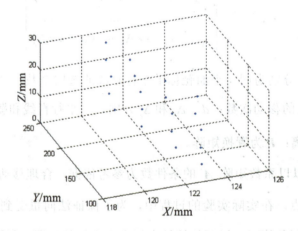

（b）一光平面上多组标定点的共面特性

（b）some points on same light-plane are coplanar

图 3-15　标定过程中的两组共面特性

Fig.3-15　Two coplanar characteristics during calibration

（3）光平面参数优化。

利用以上所求得的多组非共面的标定点求解出 48 个光平面的参数，光平面的归一化法向量结果见表 3-1 和图 3-16。

表 3-1 光平面参数

Tab.3-1 Parameters of light-planes

编码（小数）	光平面参数			
	n_x	n_y	n_z	d
001	0.91327	-0.12604	0.38737	270.8
006	0.91509	-0.12742	0.38258	270.89
011	0.91655	-0.12875	0.37863	270.99
014	0.91814	-0.12983	0.37439	271.16
009	0.91961	-0.1313	0.37025	271.54
004	0.92108	-0.13253	0.36612	271.82
002	0.92247	-0.13388	0.3621	271.9
008	0.92371	-0.13506	0.35849	273.13
003	0.92547	-0.13706	0.35315	272
013	0.92695	-0.13831	0.34875	272.06
007	0.92899	-0.13997	0.34262	270.6
001	0.92998	-0.14102	0.33949	271.87
101	0.93085	-0.14216	0.33661	273
106	0.93247	-0.1437	0.33144	272.8
111	0.9336	-0.14502	0.32765	273.1
114	0.93488	-0.14614	0.32347	273.34
109	0.93609	-0.14743	0.31938	273.81
104	0.9374	-0.14888	0.31482	273.75
102	0.9385	-0.14988	0.31104	274.06
108	0.93989	-0.15162	0.30598	273.97
103	0.94094	-0.15271	0.30218	274.29
113	0.94206	-0.15408	0.29795	274.51
107	0.94336	-0.15513	0.29325	274.47

编码（小数）	光平面参数			
	n_x	n_y	n_z	d
112	0.94453	-0.15661	0.28869	274.41
201	0.94547	-0.15775	0.28495	274.78
206	0.94675	-0.15923	0.27985	274.65
211	0.94761	-0.16031	0.27628	275.18
214	0.94873	-0.16175	0.27158	274.97
209	0.94967	-0.16312	0.26742	275.4
204	0.95082	-0.16417	0.26265	275.12
202	0.95176	-0.16561	0.25831	274.93
208	0.95292	-0.16719	0.25295	274.56
203	0.95358	-0.16797	0.24993	275.56
213	0.95443	-0.16891	0.24602	276.08
207	0.9556	-0.17074	0.24015	274.91
212	0.95642	-0.17191	0.23603	275.22
301	0.95716	-0.17302	0.23218	275.47
306	0.95791	-0.17448	0.22795	276.11
311	0.95866	-0.17561	0.22389	276.17
314	0.95951	-0.17705	0.21908	275.82
309	0.96018	-0.17835	0.21506	276.34
304	0.961	-0.17951	0.21035	276.08
302	0.96165	-0.18042	0.20657	276.37
308	0.96248	-0.1819	0.20138	276.1
303	0.96318	-0.18291	0.19707	275.91
313	0.96385	-0.18423	0.19251	275.76
307	0.96441	-0.18522	0.18869	276.43
312	0.96518	-0.18676	0.18319	275.43

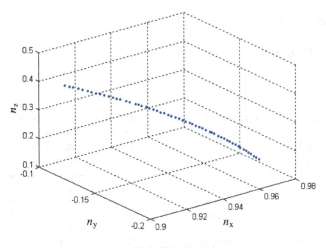

（a）法向量结果分布

（a）the result of normal vector

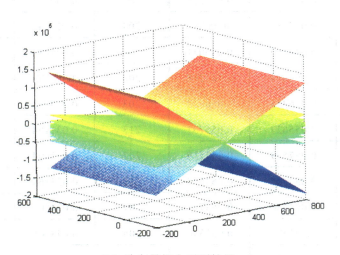

（b）法向量拟合平面结果

（b）the fitting plane according to normal vector

图 3-16 法向量结果

Fig.3-16 Results of normalization of normal vector

为了考察优化算法对光平面标定的影响程度,这里对优化前后的光平面参数误差进行比较,见表 3-2。从表 3-2 中的数据可知,在偏离中心的光平面参数优化算法效果较明显，如第 1 组和第 48 组光平面参数误差均值在优化前后分别提高了 1.2%和 0.8%。

表 3-2　优化前后误差分析

Tab.3-2　Error comparison between before and after optimization

编码（小数）	优化后的误差/mm	优化前的误差/mm	编码（小数）	优化后的误差/mm	优化前的误差/mm
001	0.05915	0.059851	201	0.037717	0.037717
006	0.058274	0.062387	206	0.037591	0.037591
011	0.055003	0.058546	211	0.039711	0.039711
014	0.053243	0.055825	214	0.041587	0.041587
009	0.050084	0.053225	209	0.042571	0.042571
004	0.052717	0.05204	204	0.026741	0.026741
002	0.049796	0.049031	202	0.027482	0.027482
008	0.064694	0.063268	208	0.02746	0.02746
003	0.056253	0.056622	203	0.029098	0.029098
013	0.055627	0.055751	213	0.031194	0.031194
007	0.057539	0.057539	207	0.033404	0.033404
012	0.053408	0.053558	212	0.033164	0.033164
101	0.054686	0.053747	301	0.034506	0.034506
106	0.051998	0.051346	306	0.043906	0.044312
111	0.048711	0.048937	311	0.042759	0.042759
114	0.037104	0.037104	314	0.040308	0.040308
109	0.037283	0.037283	309	0.038287	0.038287
104	0.035735	0.035735	304	0.03676	0.03676
102	0.035103	0.035103	302	0.036144	0.036144
108	0.032345	0.032345	308	0.03597	0.03597
103	0.034238	0.034238	303	0.058065	0.058065

编码 （小数）	优化后的 误差/mm	优化前的 误差/mm	编码 （小数）	优化后的 误差/mm	优化前的 误差/mm
113	0.033869	0.033869	313	0.059067	0.059067
107	0.039431	0.039431	307	0.064746	0.064746
112	0.038599	0.038599	312	0.067565	0.066989

（4）测量结果。

为了验证标定结果的精度，实验结果从定量和定性两个方面进行分析。

定量实验：在 900mm 的测量距离附近对不同位置的平面物体进行测量，测量数据统计结果见表 3-3。该实验中所使用的单次测量样本约为 23500 个，三次测量过程共用的测量样本约为 70000 个。表 3-3 中，单次测量值 d 为单次测量的统计均值；误差$|\Delta d|$为单次测量的统计均值误差；相对误差为测量误差均值与测量距离的比值；而均方根误差（RMS）为整体实验结果的统计结果。

表 3-3   结构光系统测量精度评价实验结果

Tab.3-3   Accuracy evaluation in structured light system

测量距离 D/mm	真实性 d/mm	测量值 d/mm	误差 $|\Delta d|$/mm	相对误差 $|\Delta d/D|$/10^{-3}
890	10	9.9179	0.0821	0.09225
900	20	19.8967	0.1033	0.11478
910	30	29.8814	0.1186	0.13033
均方根误差/mm	0.3334			

从表 3-3 中数据可知，本章提出的基于平面靶标的标定方法可以得到均方根误差为 0.3334mm 的测量精度。

定性实验：从多个角度进行表面测量，实验结果如图 3-17 所示，其中被测物体头像的尺寸为 160mm×125mm×253mm。测量结果显现了头像的眼睛、耳朵等细节信息。定性实验结果表明，该标定实验的精度能满足一些应用背景（如多媒体行业三维动态场景三维形貌测量）的要求。

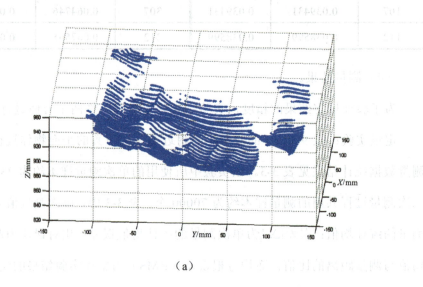

（a）

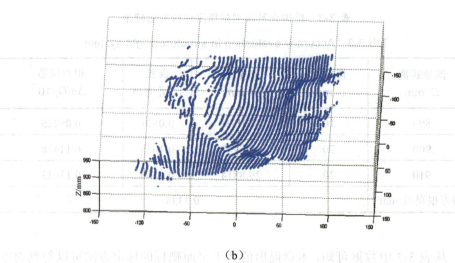

（b）

图 3-17　人像测量结果

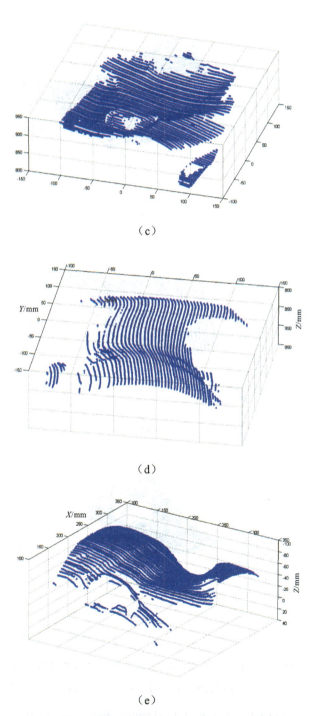

（c）

（d）

（e）

图 3-17　人像测量结果（续图）

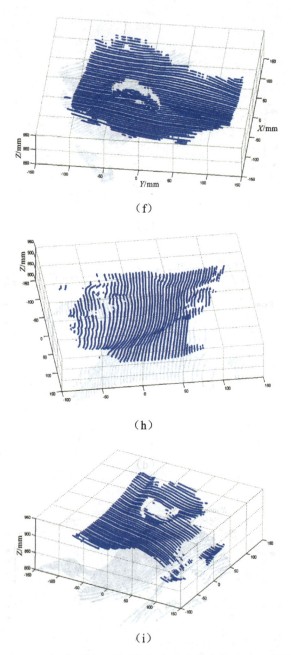

（f）

（h）

（i）

（a）～（i）分别为 360°方向上头像的多角度点云数据

图 3-17　人像测量结果（续图）

Fig.3-17　Results of head with multiple fields of view

为了检验本章所提出标定方法的性能，下面对徐光祐[2]所提出的基于交比不变原理的标定方法、张广军[8-11]提出了双重交比不变原理的标定方法和本章所提出的基于平面靶标的标定方法进行对比，见表 3-4。三种标定方法从实验条件、标定样本精度、所求得的标定点的个数、所获得的在特定测量距离上的测量精度等方面进行比较。

表 3-4　三种结构光系统标定方法的对比

Tab.3-4　Comparison of three calibration methods.

标定方法	实验设备	标定样本提取精度	标定点个数	测量距离	测量精度
交比不变（徐光祐等）	1. 摄像机：512×512； 2. 激光投射器； 3. 机械手臂	1. 3D 坐标提取精度：0.01mm； 2. 图像坐标提取：亚像素/重心法	一次可得到 2 组标定点。 通过移动靶标得到多组标定点	500mm	最大误差：0.5mm
双重交比不变（张广军等）	1. 摄像机：分辨率 420 线； 2. 激光器：光条线宽小于 1mm	1. 3D 坐标提取精度：0.005mm； 2. 图像坐标提取：亚像素/交点检测	48 组	600mm	均方根误差：0.1453mm
平面靶标交比不变	1. 摄像机：1392×1040； 2. 投影仪：LCD 1024×768； 3. 两维平移台	1. 3D 坐标提取精度：0.05mm； 2. 图像坐标提取：亚像素/重心法； 3. 平移精度：0.02mm	20 组	900mm	均方根误差：0.3334mm

从表 3-4 的结果可以得出：双重交比不变原理的标定方法是在激光线结构光系统中，在较高的样本提取精度的条件下，得到 0.1453mm 的标定精度（600mm 的测量距离）。而本章提出的标定方法得到 0.3334mm 的测量精度（900mm 的测量距离），其中本书实验系统使用投影仪的编码面结构光系统，

样本的提取精度最低、测量距离最远。需要注意的是，测量距离越远，投射系统和成像系统的非线性误差对系统的测量精度影响越严重。并且提高样本的提取精度可以进一步提高该标定方法的标定精度（具体影响情况详见第 4 章）。

3.4　小结

本章研究的主要内容是条纹结构光系统的几何建模和标定技术。

在系统建模过程中，分析了摄像机成像模型和光平面模型，推导了系统的测量模型。

在结构光系统标定过程中，鉴于三维标定点很难直接获取，本章在交比不变原理获取结构光标定点的基础上，提出了基于平面靶标的光平面标定方法，设计了相对应的平面靶标，并对各个计算过程进行了鲁棒性分析。该方法可以降低图像处理过程所引入的误差，减少多次交比不变计算标定点所带来的累积误差，得到多组高精度的标定点，实现结构光系统参数的标定。定量实验结果表明，该标定方法可得到均方根误差为 0.3334mm 的测量精度（在 900mm 的测量距离上）。

参考文献

[1]　D. Q. Huynh. Calibration of a structured light system: A projective approach[C]. IEEE Computer Society Conference on Computer Vision and Pattern Recognition, 1997, 225-230.

[2]　徐光祐，刘立峰，曾建超，石定机. 一种新的基于结构光的三维视觉系

统标定方法[J]. 计算机学报，1995，18(06)：450-456.

[3]　郑南宁. 计算机视觉与模式识别[M]. 北京：国防工业出版社，1998：14-17.

[4]　张广军. 机器视觉[M]. 北京：科学出版社，2006：131-132.

[5]　R. Y. Tsai. A versatile camera calibration technique for high accuracy 3D machine vision metrology using off the shelf TV cameras and lenses[J]. IEEE Journal of Robotics and Automation, 1987, 3(4):323-344.

[6]　Y. Li, M. Zhang, B. Yang, L. Wu. Noise analysis in camera calibration[C]. International Conferences on Info-Tech and Info-Net, 2001, 3:536-542.

[7]　J. Salvi, X. Armangue, J. Batlle. A comparative review of camera calibrating methods with accuracy evaluation[J]. Pattern Recognition, 2002, 35(7): 1617-1635.

[8]　G. Zhang, Z. Wei. A novel calibration approach to structured light 3D vision inspection [J]. Optics & Laser Technology, 2002, 34(5), 373-380.

[9]　F. Zhou, G. Zhang, J. Jiang. Constructing feature points for calibrating a structured light vision sensor by viewing a plane from unknown orientations[J]. Optics and Lasers in Engineering, 2005, 43(10):1056-1070 .

[10]　F. Zhou, G. Zhang. Complete calibration of a structured light stripe vision sensor through planar target of unknown orientations[J]. Image and Vision Computing, 2005, 23(1):59-67.

[11]　F. Zhou, G. Zhang, J. Jiang. Constructing feature points for calibrating a structured light vision sensor by viewing a plane from unknown orientations[J]. Optics and Lasers in Engineering, 2005, 43(10):1056-1070.

[12]　张勇斌，卢荣胜，费业泰，刘晨. 交比投影不变原理在结构光平面拟合

中的应用[J]. 计量测量，2003. 6:24-26.

[13] 董国耀. 透视和体视[M]. 北京：北京理工大学出版社，1992：3-4.

[14] 周富强，刘珂，张广军. 交比不变获取标定点的不确定性分析[J]. 光电子·激光，2006，17(12)：1524-1528.

[15] 刘珂，周富强，张广军. 线结构光传感器标定不确定度估计[J]. 光电工程，2006，33(8)：79-84.

[16] 王尊正. 数值分析基本教程[M]. 哈尔滨：哈尔滨工业大学出版社，1993，255-259.

[17] 孙继广. 矩阵扰动分析[M]. 北京：科学出版社，1987，321-324.

第4章　结构光系统误差传递分析与结构优化

根据第 3 章系统建模和标定原理分析,结构光系统的三维形貌测量误差主要来源于系统建模误差、标定误差和图像处理误差[1]。本章从误差传递分析和结构优化两方面,对结构光系统进行误差定量分析:通过对结构光系统的误差传递分析,推导出三维数据获取精度与标定点样本的提取精度之间的数学关系;通过研究三维数据求解误差对图像提取误差的敏感程度,分析结构参数对精度的影响,从而获得最佳的系统结构。这些定量分析为结构光系统的设计提供了实验指导。

4.1　结构光系统误差传递分析

从第 3 章分析可知,结构光系统中的三维信息是根据几何约束关系计算出来的,其中参数通过预先标定得到。由于结构光技术采样点分布的任意性,靶标上已知的三维点很难恰好位于结构光光平面上,因此三维标定点很难直接获取。结构光系统光平面参数的标定,要先借助已知的特征点求解出标定点,再利用得到的标定点,求出光平面法向量参数。因此,结构光系统三维数据的获取过程,由参数标定和数据求解两大部分组成;参数标定包括标定点的获取和光平面参数的标定(见图 4-1)。

图 4-1　三维数据的求解过程

Fig.4-1　Processing of 3D acquisition

　　为了定量地分析三维数据获取精度和标定样本的提取精度之间的关系，本节根据结构光系统三维数据的获取过程，从其逆方向进行分析。下面从三方面进行分析：①三维数据计算误差；②光平面法向量标定误差；③标定点获取误差，研究结构光系统的误差传递模型，从而确定三维数据获取精度和标定样本的提取精度之间的关系。

4.1.1　三维数据计算误差分析

　　由式（3-6）可知，结构光系统建模中径向放大倍数 k 可表示为

$$k = \frac{1}{n_x u + n_y v + n_z f} \tag{4-1}$$

　　对式（4-1）进行全微分表示：

$$\frac{\partial k}{\partial n_x} = \frac{-u}{(n_x u + n_y v + n_z f)^2}$$

$$\frac{\partial k}{\partial n_y} = \frac{-v}{(n_x u + n_y v + n_z f)^2}$$

$$\frac{\partial k}{\partial n_z} = \frac{-f}{(n_x u + n_y v + n_z f)^2}$$

$$\mathrm{d}k = \frac{\partial k}{\partial n_\mathrm{x}}\mathrm{d}n_\mathrm{x} + \frac{\partial k}{\partial n_\mathrm{y}}\mathrm{d}n_\mathrm{y} + \frac{\partial k}{\partial n_\mathrm{z}}\mathrm{d}n_\mathrm{z} + \frac{\partial k}{\partial n_\mathrm{x}}\mathrm{d}u + \frac{\partial k}{\partial n_\mathrm{y}}\mathrm{d}v + \frac{\partial k}{\partial n_\mathrm{z}}\mathrm{d}f + R$$

$$\mathrm{d}k \approx \frac{-(u\mathrm{d}n_\mathrm{x} + v\mathrm{d}n_\mathrm{y} + f\mathrm{d}n_\mathrm{z})}{(n_\mathrm{x}u + n_\mathrm{y}v + n_\mathrm{z}f)^2} + \frac{-(n_\mathrm{x}\mathrm{d}u + n_\mathrm{y}\mathrm{d}v + n_\mathrm{z}\mathrm{d}f)}{(n_\mathrm{x}u + n_\mathrm{y}v + n_\mathrm{z}f)^2} \quad (4\text{-}2)$$

式中：R 为各项的泰勒级数高阶余项。

径向放大倍数 k 的相对误差为

$$\frac{\mathrm{d}k}{k} = -\frac{(u\mathrm{d}n_\mathrm{x} + v\mathrm{d}n_\mathrm{y} + f\mathrm{d}n_\mathrm{z})}{(n_\mathrm{x}u + n_\mathrm{y}v + n_\mathrm{z}f)} - \frac{(n_\mathrm{x}\mathrm{d}u + n_\mathrm{y}\mathrm{d}v + n_\mathrm{z}\mathrm{d}f)}{(n_\mathrm{x}u + n_\mathrm{y}v + n_\mathrm{z}f)} \quad (4\text{-}3)$$

从式（4-3）可以得出，提高系统的标定参数（摄像机焦距 f、光平面参数 $\vec{n} = [n_\mathrm{x}, n_\mathrm{y}, n_\mathrm{z}, d]$）的精度和图像提取精度，可以提高系统的相对测量误差。

这里仅考虑光平面标定误差对计算结果的影响，用 a 来近似表示法向量的相对误差，此时径向放大倍数 k 的相对误差可表示为

$$\mathrm{d}\varepsilon = \left| \frac{\mathrm{d}k}{k} \right| \approx \left| \frac{u\mathrm{d}n_\mathrm{x} + v\mathrm{d}n_\mathrm{y} + f\mathrm{d}n_\mathrm{z}}{n_\mathrm{x}u + n_\mathrm{y}v + n_\mathrm{z}f} \right| = a \quad (4\text{-}4)$$

式中：$a = \dfrac{\|\mathrm{d}n\|}{\|n\|} \approx \sqrt{\dfrac{1}{3}\left[\left(\dfrac{\Delta n_\mathrm{x}}{n_\mathrm{x}}\right)^2 + \left(\dfrac{\Delta n_\mathrm{y}}{n_\mathrm{y}}\right)^2 + \left(\dfrac{\Delta n_\mathrm{z}}{n_\mathrm{z}}\right)^2\right]}$。

通过以上分析可知，径向放大倍数 k 的相对误差 $\left|\dfrac{\mathrm{d}k}{k}\right|$ 可近似等于法向量的相对误差 a。当已知系统测量的相对误差时，根据式（4-4）即可得到法向量相对偏移量需要满足的约束条件。

当系统测量的相对误差满足

$$\mathrm{d}\varepsilon < \delta$$

则法向量相对偏移量 a 需要满足的约束条件为：

$$a < \delta \tag{4-5}$$

式中：δ 为法向量最大允许相对偏移量。

当测量距离为 $z=1000\text{mm}$，要求 z 方向精度为 $z=\pm0.5\text{mm}$ 时，径向放大倍数的相对误差为

$$\frac{\mathrm{d}k}{k} = \frac{\mathrm{d}z}{z} = \frac{1}{1000} = 10^{-3}$$

要保证该获取精度的情况，满足

$$0 \leqslant \mathrm{d}\varepsilon \leqslant 10^{-3}$$

$$0 \leqslant a \leqslant 10^{-3} \tag{4-6}$$

4.1.2 光平面标定误差分析

由 3.2.1 可知：光平面参数估计的误差主要来自用于估计光平面参数的标定点误差[2]。下面分别针对光平面参数的标定点误差进行分析。

由式（3-15）可知，光平面方程表示为线性方程组：

$$An = b$$

对于任意非奇异矩阵 A，该线性方程组的相对误差取决与系数矩阵 A 的相对扰动量。若取 $\delta A = e \times A$，其中 e 为系数矩阵 A 的相对扰动量，且 $e \neq 0, -1$。代入线性方程组，可得线性方程组的相对误差为[3, 4]：

$$\frac{\|\delta n\|}{\|n\|} = \frac{|e|}{|1+e|} \tag{4-7}$$

根据式（4-7）可知，法向量的相对扰动量 $\dfrac{\|\delta n\|}{\|n\|}$ 取决于系数矩阵 A 的相对扰动量 e。当已知法向量的相对扰动量 $\dfrac{\|\delta n\|}{\|n\|}$ 需要满足的约束条件时，通过式

（4-7）可以得出标定点系数矩阵相对扰动量 e 必须满足的条件。

由 4.1.1 的分析可知，满足系统在 1000mm 的测量距离，获得±0.5mm 的测量精度要求，法向量的标定误差满足式（4-6），则光平面标定结果满足

$$\frac{\|\delta n\|}{\|n\|} = \frac{|e|}{|1+e|} < 10^{-3}$$

由于在标定过程中，系数矩阵 A 的相对扰动较小（$|e|<1$ 且 $e\neq0$），则

$$0 < |e| < 10^{-3} \tag{4-8}$$

当用于求解光平面法向量的标定点的相对扰动满足式（4-8）时，得到满足式（4-6）的法向量标定精度，即在 1000mm 的测量距离上，获得±0.5mm 以内的测量精度。

4.1.3 标定点获取误差分析

由 3.2.1 可知，标定点的精度既取决于参与交比计算的共线特征点的世界坐标，又取决于对应图像坐标提取和标定点图像的提取精度[5]。共线特征点的世界坐标的提取精度，由靶标加工精度决定；其图像坐标的精度由图像处理的提取精度决定。标定点图像坐标是通过共线特征点的拟合直线同光平面与靶标平面交线，在摄像机成像平面的交点求得。由于直线拟合能克服一定的随机误差，其提取精度高于单纯的图像处理精度[6]。因此在标定点获取的误差分析中，不考虑标定点的图像提取误差。

假设图像提取过程中引起的误差相同，特征点三维坐标提取误差相同，且考虑到 a_1、a_2、a_3 和 A_1、A_2、A_3 数据对式（3-12）的对称性，式（3-12）关于各误差源的一阶泰勒展开[5-8]，可近似表示为

$$\Delta R_1 = \left(\frac{\partial R_1}{\partial a_1} + \frac{\partial R_1}{\partial a_2} + \frac{\partial R_1}{\partial a_3} \right) \xi_1 + \frac{\partial R_1}{\partial r_1} \xi_2 + \left(\frac{\partial R_1}{\partial A_1} + \frac{\partial R_1}{\partial A_2} + \frac{\partial R_1}{\partial A_3} \right) \xi_3 \qquad (4\text{-}9)$$

式中：ξ_1、ξ_2 和 ξ_3 分别为标定过程中特征点的图像提取误差、最小二乘意义下直线交点的提取误差和特征点三维坐标提取误差。

从式（4-9）可得出，提高图像提取精度和靶标上特征点的三维坐标精度，可以提高标定点的计算精度。最小二乘意义下直线交点的提取误差 ξ_2 远小于图像提取误差 ξ_1[6]。因此，下面主要分析特征点的图像提取误差 ξ_1 和特征点三维坐标提取误差 ξ_3 对标定点获取精度的影响。

（1）特征点图像提取误差的影响。

为了克服单次测量所带来的随机误差对计算结果的影响，这里借助式（3-12）和式（3-14），对多次计算的结果求均值，作为标定点的坐标值。

假设共线特征点图像坐标和世界坐标相互独立，且服从高斯分布，误差为加性高斯函数。根据蒙特卡罗统计方法，分析以上的误差分布[6]。取标定点三维坐标为(-8.40, -13.79, 897.40)，共线的特征点 $a_1 \sim a_9$ 的图像坐标分布为（230，538.04）、（341，520.98）、（451.02，502.99）、（559.98，486）、（769.01，452.02）、（871，436.02）、（970.99，420.01）、（1069，404.99）和（1165，389.99），共线特征点 $A_1 \sim A_9$ 的三维坐标为（-122.23，4.84，864.21）、（-93.77，0.18，872.51）、（-65.31，-4.47，880.81）、（-36.86，-9.13，889.11）、（20.05，-18.44，905.70）、（48.50，-23.10，913.99）、（76.97，-27.76，922.29）、（105.42，-32.41，930.60）和（133.88，-37.07，938.89）。

在 $a_1 \sim a_9$ 的图像坐标中，加入相应的高斯分布误差（图像坐标的提取绝对误差为 $|\xi_1| \in [0,1.5]$ pixels）。改变不同的图像提取误差，计算 R 的世界坐标，重复计算 N 次（取 $N=1000$）。考察图像提取误差 $|\xi_1|$ 对标定点世界坐标求解误

差的影响，如图 4-2 所示。

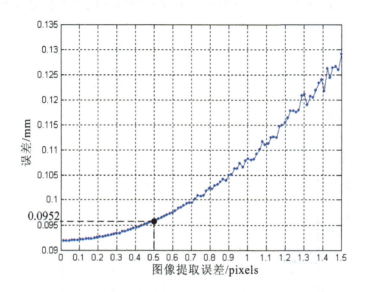

图 4-2　图像坐标提取误差对标定点求解误差的影响

Fig. 4-2　Error in calibration points due to error from image extraction

如图 4-2 所示，标定点坐标误差随着特征点图像提取误差$|\xi_1|$同方向变化。但在不同的区间上，图像坐标提取误差$|\xi_1|$对标定点坐标求解误差的影响程度各不相同。图像坐标提取误差$|\xi_1|$在[0, 0.3]pixels 上，标定点坐标求解误差变化缓慢，即当图像坐标提取误差$|\xi_1|$在[0, 0.3]pixels 时，提高图像提取精度对标定点坐标求解精度的提高不明显。而$|\xi_1|$在[0.3, 1.5]pixels 内，提高图像提取精度能得到标定点坐标求解精度的显著提高。

从实验分析可以看出，当图像提取误差$|\xi_1|$为 0.5pixels 以内时，所引起的标定点计算误差约在±0.0952mm。

（2）特征点三维坐标误差的影响。

在特征点 $A_1 \sim A_9$ 的世界坐标上，加入相应的高斯分布误差（三维坐标的

获取绝对误差为|ξ_3|∈[0,0.5] mm）。改变三维坐标获取绝对误差，计算 R 的世界坐标，重复计算 N 次（取 N=1000）。特征点坐标获取误差ξ_3对点坐标求解误差的影响如图 4-3 所示。

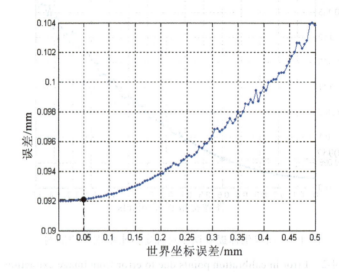

图 4-3 特征点世界坐标误差对求解点坐标的影响

Fig. 4-3 Error in calibration points due to error from 3D extraction

如图 4-3 所示，标定点坐标误差随着特征点三维坐标提取误差|ξ_3|同方向变化。但在不同的区间上，特征点三维坐标提取误差|ξ_3|对标定点坐标求解误差的影响程度各不相同。特征点三维坐标提取误差|ξ_3|在[0, 0.05]mm 上，标定点坐标求解误差变化缓慢，即当特征点三维坐标提取误差|ξ_3|在[0, 0.05]mm 时，提高特征点三维坐标提取精度对标定点坐标求解精度的提高不明显。而|ξ_3|在[0.05, 0.5]mm 内，提高特征点三维坐标提取精度能得到标定点坐标求解精度的显著提高。

当特征点三维坐标提取偏差为±0.05mm 以内（即|ξ_3|=0.05mm）时，标定点计算误差为（-0.092,+0.092）mm。

综合考虑特征点的图像提取误差 ξ_1 和世界坐标获取误差 ξ_3 的情况下,标定点的计算误差在 (-0.1855, +0.1855) mm 以内,测量相对误差 a 满足公式(4-6)。也就是说,在不考虑摄像机标定误差的情况下,当特征点的图像提取误差在 (-0.5,0.5) pixels 以内,世界坐标提取误差在 (-0.05,0.05) mm 以内,标定点的计算误差 $\triangle R_1$ 约在 (-0.2,+0.2) mm 以内。使用得到的标定点进行光平面参数标定,可得到在 1000mm 的测量距离上获得 ±0.5mm 以内的测量精度。三维测量实验结果详见 3.3 节。由表 3-3 的实验数据可知,满足以上条件的标定结果的测量均方根误差为 0.3334mm。该实验结果证明了本章对系统误差分析的有效性。

借助以上系统误差传递分析,可得到在满足一定测量精度的要求下,标定样本必须满足的精度要求,从而为结构光系统的标定实验设计提供了指导。

4.2 结构光系统结构优化

以上结构光系统误差传递分析是在不考虑图像提取误差的条件下进行的。本节从三维数据求解误差对图像提取误差的敏感程度角度进行分析,考虑其结构参数对精度的影响,以获得最佳的系统结构,用于指导结构光系统结构的设计[9-11]。

为了进行系统分析,本节把结构光系统的几何建模变换为具有直接物理意义的各参数表示,如图 4-4 所示。

对系统中的投影仪和摄像机的位置关系进行如下假设:整个系统被统一到摄像机坐标系下 $OXYZ$,其中 A 点为测量点 Q 投影到 OYZ 平面上的一点,b 为投影仪和摄像机的基线距离,b_1 和 b_2 为基线的辅助距离,$\angle AOP = \alpha$,$\angle APO = \beta$,$\angle POX = \theta$,$\angle PTO = \beta - \theta$。

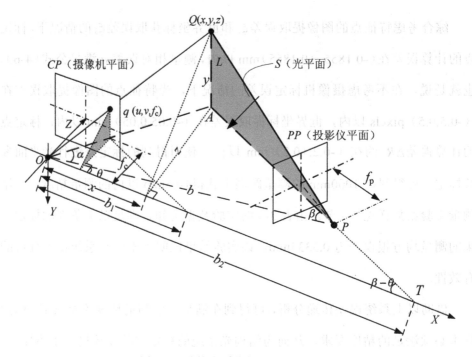

图 4-4　结构光系统的三角几何关系

Fig.4-4　Geometric model in strucutured light system

根据以上假设，可以得到在摄像机坐标系下，由基线距离 b、摄像机的成像角 α 和投影仪的投影角 β 等具有明确物理意义参数表示的三维数据计算：

$$\begin{cases} x = u\dfrac{\sin\beta}{\sin(\alpha+\beta)}\dfrac{b}{\sqrt{u^2+f_c^2}} \\[2mm] y = v\dfrac{\sin\beta}{\sin(\alpha+\beta)}\dfrac{b}{\sqrt{u^2+f_c^2}} \\[2mm] z = f_c\dfrac{\sin\beta}{\sin(\alpha+\beta)}\dfrac{b}{\sqrt{u^2+f_c^2}} \end{cases} \qquad (4\text{-}10)$$

式中：f_c 为摄像机焦距；(x, y, z) 为点 Q 的三维坐标；(u, v, f_c) 为成像点 q 在图像平面 CP 上的坐标。

根据图 4-4 中的几何建模，对其进行误差分析，考察各结构参数对其计算精度相对于图像提取误差的敏感程度，获得系统结构优化的理论指导。

式（4-10）对于图像坐标（u, v）的雅可比行列式表示为

$$J = \begin{bmatrix} b\dfrac{\sin\beta}{\sin(\alpha+\beta)}\dfrac{f_c^2}{(u^2+f_c^2)^{3/2}} & 0 \\[4mm] -bv\dfrac{\sin\beta}{\sin(\alpha+\beta)}\dfrac{u}{(u^2+f_c^2)^{3/2}} & b\dfrac{\sin\beta}{\sin(\alpha+\beta)}\dfrac{1}{\sqrt{u^2+f_c^2}} \\[4mm] -bf_c\dfrac{\sin\beta}{\sin(\alpha+\beta)}\dfrac{u}{(u^2+f_c^2)^{3/2}} & 0 \end{bmatrix} \quad （4\text{-}11）$$

使用 ε_u 和 ε_v 表示图像提取误差，可得图像提取误差所引起的三维数据获取误差为：

$$\left. \begin{aligned} \varepsilon_x &= b\dfrac{\sin\beta}{\sin(\alpha+\beta)}\dfrac{f_c^2}{(u^2+f_c^2)^{3/2}}\varepsilon_u \\[3mm] \varepsilon_y &= -bv\dfrac{\sin\beta}{\sin(\alpha+\beta)}\dfrac{u}{(u^2+f_c^2)^{3/2}}\varepsilon_u + b\dfrac{\sin\beta}{\sin(\alpha+\beta)}\dfrac{1}{\sqrt{u^2+f_c^2}}\varepsilon_v \\[3mm] \varepsilon_z &= -bf_c\dfrac{\sin\beta}{\sin(\alpha+\beta)}\dfrac{u}{(u^2+f_c^2)^{3/2}}\varepsilon_u \end{aligned} \right\} \quad （4\text{-}12）$$

由 3.1.1 分析可知，测量过程中放大倍数 k 为

$$k = \frac{\sin\beta}{\sin(\alpha+\beta)}\frac{b}{\sqrt{u^2+f_c^2}} \quad （4\text{-}13）$$

图像提取误差所引起的三维数据获取误差可变换为：

$$\left. \begin{aligned} \varepsilon_x &= k^2\dfrac{f_c^2}{b}\dfrac{\sin(\alpha+\beta)}{\sin\beta}\dfrac{1}{\sqrt{u^2+f_c^2}}\varepsilon_u \\[3mm] \varepsilon_y &= -k^2uv\dfrac{1}{b}\dfrac{\sin(\alpha+\beta)}{\sin\beta}\dfrac{1}{\sqrt{u^2+f_c^2}}\varepsilon_u + k\varepsilon_v \\[3mm] \varepsilon_z &= -k^2uf_c\dfrac{1}{b}\dfrac{\sin(\alpha+\beta)}{\sin\beta}\dfrac{1}{\sqrt{u^2+f_c^2}}\varepsilon_u \end{aligned} \right\} \quad （4\text{-}14）$$

由式（4-14）可知，三维数据获取误差的影响参数有放大倍数 k、投影仪和摄像机的基线距离 b、摄像机焦距 f_c、摄像机的成像角 α 和投影仪的投影角 β。其中放大倍数 k 为结构光系统的测量结果，其余四个参数为系统的结构参数。针对深度 z 方向的获取误差 $|\varepsilon_z|$ 对四个结构参数进行模拟分析，结果如图 4-5 所示。

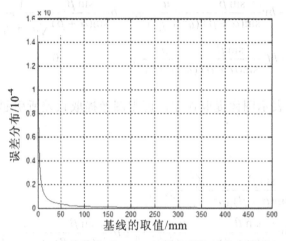

（a）基线 b 对深度 z 方向误差 $|\varepsilon_z|$ 的影响

（a）is the error $|\varepsilon_z|$ of depth z due to base line b

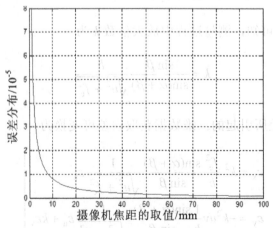

（b）摄像机焦距 f_c 对深度 z 方向误差 $|\varepsilon_z|$ 的影响

（a）is the error $|\varepsilon_z|$ of depth z due to focus length f_c

图 4-5　系统结构参数对深度 z 方向误差 $|\varepsilon_z|$ 的影响程度

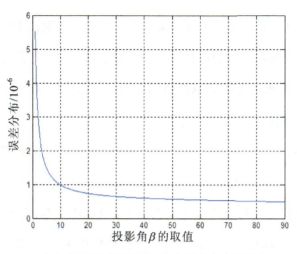

（c）投影角 β 对深度 z 方向误差 $|\varepsilon_z|$ 的影响

（c）is the error $|\varepsilon_z|$ of depth z due to projecting angle β

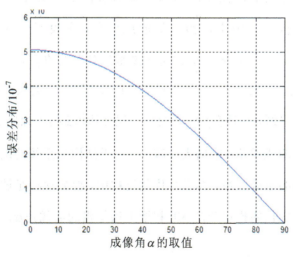

（d）成像角 α 对深度 z 方向误差 $|\varepsilon_z|$ 的影响

（d）is the error $|\varepsilon_z|$ of depth z due to imaging angle α

图 4-5　系统结构参数对深度 z 方向误差 $|\varepsilon_z|$ 的影响程度（续图）

Fig.4-5　Error due to four parameters in structured light system

如图 4-5 所示，这四个结构参数对深度 z 方向的获取误差 $|\varepsilon_z|$ 的影响程度是不同的。其中投影仪和摄像机的基线距离 b 对误差的影响情况在 10^{-4} 数量级

上，摄像机焦距 f_c 和投影仪的投影角 β 对误差的影响情况在 10^{-6} 数量级上，而摄像机的成像角 α 对误差的影响情况在 10^{-7} 数量级上。因此在结构光系统结构优化的过程中，要重点考虑影响严重的参数，即基线距离 b、摄像机焦距 f_c 和投影仪的投影角 β。

如图 4-5（a）所示，深度 z 方向误差 $|\varepsilon_z|$ 随着基线距离 b 的增大而减小，在 $b<100\text{mm}$ 的位置误差变化剧烈，在 $b>100\text{mm}$ 的时候影响程度减缓。因此，在基线距离的选择上，可以避免选取在影响误差剧烈的区域（$b<100\text{mm}$）。如图 4-5（b）所示，深度 z 方向误差 $|\varepsilon_z|$ 随着摄像机焦距 f_c 的增大而减小，在 $f_c<30\text{mm}$ 的位置误差变化剧烈，在 $f_c>30\text{mm}$ 的时候影响程度平缓。在摄像机焦距 f_c 的选取过程中，在保证图像质量的条件下，避免选取摄像机焦距 $f_c<30\text{mm}$。在结构光系统中，摄像机的成像角 α 和投影仪的投影角 β 满足 $\alpha \in [0°, 90°]$ 和 $\beta \in [0°, 90°]$。考察成像角和投影角对误差的影响程度如图 4-5（c）和（d）所示，深度 z 方向误差 $|\varepsilon_z|$ 随着投影仪的投影角 β 的增大而减小，在 $\beta>30°$ 的位置误差变化平缓，并且在 $\beta=90°$ 的位置误差影响最小。深度 z 方向误差 $|\varepsilon_z|$ 也是随着摄像机的成像角 α 的增大而减小。对于结构光系统的测量区域为投影仪和摄像机视场的重叠区域，在系统优化过程中，要先保证足够大的视场重叠区域下，选取投影仪的投影角 $\beta>30°$ 和增大摄像机的成像角 α。

4.3 小结

本章在光平面测量模型和基于交比不变原理标定方法的基础上，分析了系统三维数据计算过程和标定过程的误差，从而推导出结构光系统三维数据计算过程中的误差传递模型；根据该模型，推导出三维数据获取精度与标定点样本

的提取精度之间的数学关系。然后从系统模型对图像提取误差的敏感程度进行
分析，研究其结构参数对精度的影响，得到系统结构优化的理论基础。该误差
传递分析和系统结构优化分析为结构光系统设计提供了实验指导，也为结构光
三维形貌测量系统的实际应用奠定了基础。

参考文献

[1]　Z. M. Yang, Y. F. Wang. Error analysis of 3D shape construction from structured lighting[J]. Pattern Recognition, 1996, 29(2):189-206.

[2]　刘珂，周富强，张广军. 线结构光传感器标定不确定度估计[J]. 光电工程，2006，33(8)：79-84.

[3]　孙继广. 矩阵扰动分析[M]. 北京：科学出版社，1987，321-324 .

[4]　S. S. Qian. Uncertainty of measurement-processing and expression of experiment[M]. Tsinghua University Press, 80-82 (2002).

[5]　周富强，刘珂，张广军. 交比不变获取标定点的不确定性分析[J]. 光电子·激光，2006，17(12)：1524-1528.

[6]　谢少锋，陈晓怀，张勇斌. 测量系统不确定度分析及其动态性研究[J]. 计量学报，2002，23(3)：237-240.

[7]　S. J. Maybank. Probabilistic analysis of the application of the cross ratio to model based vision[J]. International Journal of Computer Vision, 1995, 16(1):5-33.

[8]　M. T. Heath. Scientific computing: an introductory survey[M]. Beijing: Tsinghua University Press, 2005.

[9] 李瑞君，范光照，吴彰良. 线结构光传感器的精度分析及优化设计[J]. 合肥工业大学学报，2004，27(10)：1115-1118.

[10] 吴彰良，卢荣胜，宫能刚，费业泰. 线结构光视觉传感器结构参数优化分析[J]. 传感技术学报，2004，4：709-713.

[11] 张广军. 机器视觉[M]. 北京：科学出版社，2006，133-134.

第 5 章　稀疏数据的实时多场景配准

5.1　引言

由于视觉系统都有一定的视场范围限制,对于尺寸较大的物体无法一次定位测量,必须进行分块三维形貌测量;或者为了补充一些由阴影、物面不连续区域所造成的数据丢失,需要从不同角度对被测物体进行多次信息获取,再把所得到的各个视场数据进行重新配准和融合,生成一个统一坐标系下的三维数据集,最后通过模型重建方法生成物体的三维几何模型。三维数据的匹配是获得完整密集物体表面三维形貌测量技术中的关键,直接影响到三维建模结果的精度。

三维数据配准技术常用的方法主要分三大类[1]:

(1)采用高精度定标仪器获取多视点数据,利用它们之间的原始变换关系,进行数据间的配准计算。

(2)利用数据自身中的几何信息,或利用数据获取过程中引入的其他信息(物体的颜色、边缘等特征)对三维数据进行配准计算。

(3)使用辅助标定点进行刚体变换估计,实现数据配准。由于采用第一种方法时要求系统结构复杂、成本昂贵;第三种方法人工干预较多,且不适合在线测量系统中的数据配准。鉴于以上考虑,本书在实时结构光三维数据获取系统中,主要研究第二种数据配准方法。

近年来，国际上许多研究者利用数据自身的几何信息进行数据配准，在此方面进行了大量的研究工作[2-15]。如 Tarel[2]提出的代数表面模型（Algebraic Surface Model）、Feldmar[3]提出的主曲率特性（Principal Curvature）、胡少兴[4]提出的轮廓特征等几何特征完成多视点几何数据配准。Chung[5]等应用反向标定技术来匹配深度图像。Brunnstrom[6]等利用遗传算法（Genetic Algorithms）来细化对应采样点之间的距离。其中比较典型的是 Besl[7]、Chen[8]和 Zhang[9]等所提出的最近点迭代算法（ICP），并出现了多种改进的最近点迭代算法[10-15]。

5.2　稀疏点云数据

在条纹结构光系统中，投影仪在被测物体上投射一系列的编码条纹，摄像机获取经被测物体表面调制的条纹图。如图 5-1（a）所示，条纹在被测物体表面形成一系列光条 L，光条 L 上的点为被测点。每一个光平面都是由投影仪的投影中心 P 和光条 L 构成。根据投影仪和摄像机之间的几何约束关系，求解出光条上被测点的三维坐标。测量结果如图 5-1（b）所示，条纹结构光系统得到点云的垂直分辨率主要取决于摄像机一个像素的视场大小，水平分辨率受限于一个条纹的视场大小，条纹宽度则取决于所占像素的个数。因此，单场测量结果的垂直分辨率高于水平分辨率，单场数据的垂直方向为稀疏分布。不同场数据间的对应点对，大多不是物体表面同一点的采样，而是相邻区域的采样。条纹结构光系统的获取数据结果分布特点总结如下：

（1）在单场数据中，条纹数据间的数据分布稀疏。

（2）在单场数据中，同一条纹数据间密集均匀分布。

（3）单场数据的水平分辨率取决于条纹宽度，垂直分辨率取决于像素的视场大小。

（4）不同场景数据，最近点为相邻区域，而非同一采样点。

（5）数据任意分布，且无序存储。

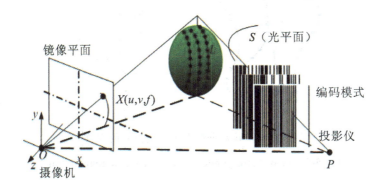

（a）条纹编码光系统测量机理

（a）is the measurement principle of coded structured light system

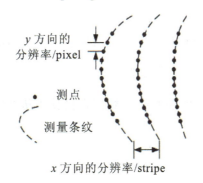

（b）条纹编码光系统测量数据分布特征

（b）is the characters of measuring points of coded structured light system

图 5-1　条纹结构光系统测量机理和数据分布特征

Fig.5-1　3D acquisition of structured light system and characters of measuring points

稀疏点云的数据特征对数据配准有如下要求：

（1）由于该稀疏点云数据在水平和垂直分辨率的差别，以及水平方向上的稀疏特性，如果仅仅使用点对间的欧式距离进行搜索，容易搜索到错误的对应点对，从而影响了数据配准的精度（如图 5-2 所示），因此要增加搜索物理量减少对应点对的误判。

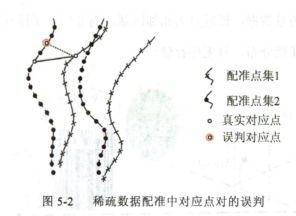

配准点集1
配准点集2
○ 真实对应点
◎ 误判对应点

图 5-2　稀疏数据配准中对应点对的误判

Fig.5-2　Error correspondences in sparse data registration

（2）不同场景间数据的最近点为相邻区域，搜索参数要选取能体现区域特征的物理量。

（3）数据的任意分布和无序存储增加了点对搜索的时间，影响了数据配准的实时性，要对数据进行重新排列。

根据以上的分析可知，稀疏点云数据直接使用传统的最近点迭代算法无法实现准确地数据配准。

5.3　传统的最近点迭代算法

Besl[7]于 1992 年提出了一种配准两个三维点集的算法（最近点迭代算法 Iterative Closed Points），即计算第一个点集映射到第二个点集的刚体变换。通过迭代最小化两个点集之间的平均距离，寻找最小二乘逼近的坐标变换矩阵。

三维测量系统对实物进行测量，得到不同视角下的点云数据。假设在两个不同视角下得到的三维点集分别为：

$$S = \left\{ s_i \mid s_i \in P, i = 1, 2, ..., N_s \right\}$$

$$T = \left\{ t_j \mid t_j \in X, j = 1, 2, ..., N_t \right\}$$

对于互相对应的两个三维点集 P 和 X（分别来源于点集 S 和 T），可以采用单位四元数法[16]得到。若目标点集 P 对应于参考点集 X，那么对应点集应满足以下条件：

（1）点集 P 中点的个数 N_P 和点集 X 中点的个数 N_X 相等，即 $N_P = N_X$。

（2）点集 P 中每一个点 p_i 都应该对应于点集 X 中具有相同下标 i 的 x_i，即 $p_i = x_i$。

设旋转变换向量为单位四元数 $q_R = [q_0 \ q_1 \ q_2 \ q_3]^T$，其中 $q_0 \geqslant 0$，并且 $q_0^2 + q_1^2 + q_2^2 + q_3^2 = 1$，可得 3×3 旋转矩阵 $R(q_R)$。平移变换向量为 $q_T = [q_4 \ q_5 \ q_6]^T$，可得完全坐标变换向量 $q = [q_R \mid q_T]^T$。则对应点集间的最佳坐标变换向量问题可转化为求 q 使得误差函数 $E(q)$ 最小化的问题。

$$E(q) = \frac{1}{N_P} \sum_{i=1}^{N_P} \left\| x_i - R(q_R) p_i - q_T \right\|^2 \tag{5-1}$$

算法流程如下：

（1）最小距离搜索对应点集 P 和 X。

（2）计算目标点集 P 的重心和参考点集 X 的重心。

$$\begin{aligned} \mu_P &= \frac{1}{N_P} \sum_{i=1}^{N_P} p_i \\ \mu_X &= \frac{1}{N_X} \sum_{i=1}^{N_X} x_i \end{aligned} \tag{5-2}$$

（3）由点集 P 和 X 构造协方差矩阵：

$$\Sigma_{P,X} = \frac{1}{N_P} \sum_{i=1}^{N_P} \left[(p_i - \mu_P)(x_i - \mu_X) \right] = \frac{1}{N_P} \sum_{i=1}^{N_P} \left[p_i x_i^T \right] - \mu_P \mu_X^T \tag{5-3}$$

（4）由协方差矩阵构造 4×4 对称矩阵：

$$Q(\Sigma_{P,X}) = \begin{bmatrix} tr(\Sigma_{P,X}) & \Delta^T \\ \Delta & \Sigma_{P,X} + \Sigma^T_{P,X} - tr(\Sigma_{P,X}) \end{bmatrix} \tag{5-4}$$

式中：I_3 是 3×3 单位矩阵；$tr(\Sigma_{P,X})$ 是矩阵 $\Sigma_{P,X}$ 的迹；$\Delta = \begin{bmatrix} A_{23} & A_{31} & A_{12} \end{bmatrix}^T$；$A_{i,j} = (\Sigma_{P,X} - \Sigma^T_{P,X})_{i,j}$。

（5）计算 $Q(\Sigma_{P,X})$ 的特征值和特征向量，其最大特征值对应的特征向量即为最佳旋转向量 $q_R = [q_0 \; q_1 \; q_2 \; q_3]^T$。

（6）计算最佳平移向量：

$$q_T = \mu_X - R(q_R)\mu_P \tag{5-5}$$

式中：$R(q_R) = \begin{bmatrix} q_0^2 + q_1^2 - q_2^2 - q_3^2 & 2(q_1 q_2 - q_0 q_3) & 2(q_1 q_3 + q_0 q_2) \\ 2(q_1 q_2 + q_0 q_3) & q_0^2 - q_1^2 + q_2^2 - q_3^2 & 2(q_2 q_3 - q_0 q_1) \\ 2(q_1 q_3 - q_0 q_2) & 2(q_2 q_3 + q_0 q_1) & q_0^2 - q_1^2 - q_2^2 + q_3^2 \end{bmatrix}$。

（7）得到完整的坐标变换向量 $q = \begin{bmatrix} q_R | q_T \end{bmatrix}^T = \begin{bmatrix} q_0 & q_1 & q_2 & q_3 & q_4 & q_5 & q_6 \end{bmatrix}^T$，计算误差函数 $E(q)$。

（8）比较误差函数 $E(q)$ 和阈值 τ，当 $|E' - E| < \tau$ 时，迭代结束。

该算法是一种精确估计刚体变换的方法，是针对具有重叠区域的两视点三维数据和其初始估计已知的数据配准，被广泛应用到借助数据自身几何信息的多视点三维数据配准中。该方法有两个非常重要的问题：第一，初值的选取。初值的选取直接影响到最后的计算结果。如果所给初值不当，算法就会形成局部最小化，造成迭代不能收敛到正确的结果。第二，每一步迭代过程中两个点集中对应点的确定。对应点的确定方法影响到迭代方法的收敛速度。保证对应点对的有效性则决定最后所得转换参数的精确程度。

5.4 改进的最近点迭代算法

为了解决最近点迭代算法中，初值的选取和对应点的确定两个问题，以及根据条纹结构光系统得到稀疏点云数据的特点，本章提出了改进的最近点迭代算法。该算法主要从特征量的选取、算法的实时性和准确性三方面对最近点迭代算法进行改进。算法具体包括四部分：

（1）搜索参数的选取。选取刚体变换不变量（体积）和测量曲线的点曲率两个特征量，进行对应区域搜索。

（2）搜索准则的确定。使用统计分析的方法确定搜索准则。

（3）点云数据的重采样。根据条纹结构光系统测量图，对点云数据进行重排和重采样。

（4）自动初始估计。借助体积数据的直方图分析，实现自动初始估计。该算法减小了对初始估计的依赖，减少了计算量，适应在线数据配准的要求。

5.4.1 搜索参数的选取

最近点迭代算法中，用于搜索的特征量有距离、曲率、颜色、各种距等。这些特征量满足如下条件：

（1）能表征物体表面信息的物理量，如表面颜色、局部表面法向量、局部曲率、边缘、纹理等。

（2）不随刚体变换而改变（刚体不变量），如点对间相对距离、面积、体积、曲面曲率和各种距等。

（3）具有全局唯一性或在一定的搜索范围内保持唯一性。

（4）受噪声或各种干扰的影响小（或称为对噪声和干扰的鲁棒性强）。

（5）计算量小，适合在线系统。

根据 5.3 节可知，不同场数据之间的最近点往往不是物体表面同一点的采样，而是相邻区域的采样。因此，搜索参数的选取要能描述物体表面的区域特性。相邻四点四面体的体积，体现了四点分布的区域特征。曲率是用来表征物体表面形状变化的，但三维曲率的近似计算是复杂的、不精确的，不适合用于在线数据配准算法中。而二维曲率也可反映物体表面的形状变化，且计算简单。在改进的最近点迭代算法中，使用四面体体积和二维曲率作为辅助几何信息，进行对应区域搜索，实现数据配准。

（1）四面体体积。

在改进最近点迭代算法中，本节提出的搜索参数是在点云数据的相邻条纹上，相邻四个点所构成四面体的体积（刚体变换不变量）。四点 $X_0(x_0, y_0, z_0)$、$X_1(x_1, y_1, z_1)$、$X_2(x_2, y_2, z_2)$ 和 $X_3(x_3, y_3, z_3)$ 所构成四面体的体积计算公式为：

$$v = \begin{vmatrix} x_0 & y_0 & z_0 & 1 \\ x_1 & y_1 & z_1 & 1 \\ x_2 & y_2 & z_2 & 1 \\ x_3 & y_3 & z_3 & 1 \end{vmatrix} = \det \begin{pmatrix} x_0 - x_1 & y_0 - y_1 & z_0 - z_1 \\ x_0 - x_2 & y_0 - y_2 & z_0 - z_2 \\ x_0 - x_3 & y_0 - y_3 & z_0 - z_3 \end{pmatrix} \qquad (5\text{-}6)$$

四面体体积是一刚体不变量的证明如下：

假设 $\{(x_{i0}, y_{i0}, z_{i0}), (x_{i1}, y_{i1}, z_{i1}), (x_{i2}, y_{i2}, z_{i2}), (x_{i3}, y_{i3}, z_{i3}) \dots\}$ 和 $\{(x_{j0}, y_{j0}, z_{j0}), (x_{j1}, y_{j1}, z_{j1}), (x_{j2}, y_{j2}, z_{j2}), (x_{j3}, y_{j3}, z_{j3}) \dots\}$ 分别是点集 S_i 和 S_j 中的点，v_i 和 v_j 是两点集任意四点所构成四面体体积。点集 S_j 和 S_i 存在着刚体变换（旋转矩阵 $\mathfrak{R}$ 和平移向量 T），其中 $\mathfrak{R}'$ 是旋转矩阵 $\mathfrak{R}$ 的转置。

两点集任意四点构成的四面体体积 v_i 和 v_j 为：

$$v_i = \begin{vmatrix} x_{i,0} & y_{i,0} & z_{i,0} & 1 \\ x_{i,1} & y_{i,1} & z_{i,1} & 1 \\ x_{i,2} & y_{i,2} & z_{i,2} & 1 \\ x_{i,3} & y_{i,3} & z_{i,3} & 1 \end{vmatrix} = \det \begin{pmatrix} x_{i,0} - x_{i,1} & y_{i,0} - y_{i,1} & z_{i,0} - z_{i,1} \\ x_{i,0} - x_{i,2} & y_{i,0} - y_{i,2} & z_{i,0} - z_{i,2} \\ x_{i,0} - x_{i,3} & y_{i,0} - y_{i,3} & z_{i,0} - z_{i,3} \end{pmatrix}$$

$$v_j = \begin{vmatrix} x_{j,0} & y_{j,0} & z_{j,0} & 1 \\ x_{j,1} & y_{j,1} & z_{j,1} & 1 \\ x_{j,2} & y_{j,2} & z_{j,2} & 1 \\ x_{j,3} & y_{j,3} & z_{j,3} & 1 \end{vmatrix} = \det \begin{pmatrix} x_{j,0} - x_{j,1} & y_{j,0} - y_{j,1} & z_{j,0} - z_{j,1} \\ x_{j,0} - x_{j,2} & y_{j,0} - y_{j,2} & z_{j,0} - z_{j,2} \\ x_{j,0} - x_{j,3} & y_{j,0} - y_{j,3} & z_{j,0} - z_{j,3} \end{pmatrix}$$

点集 S_j 和 S_i 满足刚体变换关系：

$$\begin{pmatrix} x_j \\ y_j \\ z_j \end{pmatrix} = \Re \times \begin{pmatrix} x_i \\ y_i \\ z_i \end{pmatrix} + T$$

$$\begin{pmatrix} x_{j,k} \\ y_{j,k} \\ z_{j,k} \end{pmatrix} - \begin{pmatrix} x_{j,l} \\ y_{j,l} \\ z_{j,l} \end{pmatrix} = \Re \times \begin{pmatrix} x_{i,k} - x_{i,l} \\ y_{i,k} - y_{i,l} \\ z_{i,k} - z_{i,l} \end{pmatrix}_{k,l=0,1,2,3, k \neq l}$$

则有

$$\begin{pmatrix} x_{j,0} - x_{j,1} & y_{j,0} - y_{j,1} & z_{j,0} - z_{j,1} \\ x_{j,0} - x_{j,2} & y_{j,0} - y_{j,2} & z_{j,0} - z_{j,2} \\ x_{j,0} - x_{j,3} & y_{j,0} - y_{j,3} & z_{j,0} - z_{j,3} \end{pmatrix} = \begin{pmatrix} x_{i,0} - x_{i,1} & y_{i,0} - y_{i,1} & z_{i,0} - z_{i,1} \\ x_{i,0} - x_{i,2} & y_{i,0} - y_{i,2} & z_{i,0} - z_{i,2} \\ x_{i,0} - x_{i,3} & y_{i,0} - y_{i,3} & z_{i,0} - z_{i,3} \end{pmatrix} \times \Re'$$

因为

$$\det(\Re) = \det(\Re') = 1$$

$$v_j = \det \begin{pmatrix} x_{j,0} - x_{j,1} & y_{j,0} - y_{j,1} & z_{j,0} - z_{j,1} \\ x_{j,0} - x_{j,2} & y_{j,0} - y_{j,2} & z_{j,0} - z_{j,2} \\ x_{j,0} - x_{j,3} & y_{j,0} - y_{j,3} & z_{j,0} - z_{j,3} \end{pmatrix}$$

$$v_j = \det \begin{pmatrix} x_{i,0} - x_{i,1} & y_{i,0} - y_{i,1} & z_{i,0} - z_{i,1} \\ x_{i,0} - x_{i,2} & y_{i,0} - y_{i,2} & z_{i,0} - z_{i,2} \\ x_{i,0} - x_{i,3} & y_{i,0} - y_{i,3} & z_{i,0} - z_{i,3} \end{pmatrix} \times \det(\mathfrak{R}')$$

所以

$$v_j = v_i$$

即从理论上证明了四面体体积为一刚体不变量。

对于四角面片大小的选择，原则上是越小越好。因为选择的面片越小，越能表示被测物体表面的细节几何特性，理论上增加了对应区域搜索的计算量。由于在后期数据参数化过程中，对数据点云进行了再抽样处理，所以选择小的面片不会影响运算速度。因此，选取相邻条纹数据的最近四点构成一四角面片（或称为四面体）。根据实测点云的数据结构，选择相邻条纹上最近四个测量点构成一四面体（如图 5-3 所示）。

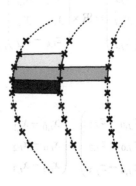

图 5-3　四面体的选择

Fig.5-3　Selection of tetrahedron in real-time data registration

相邻四点所构成的四面体体积，定量地反映了四点的相对位置（如图 5-4 所示）。当 $v=0$ 时，说明四点共面；$|v|$ 越大，四点分布越稀疏；$|v|$ 越接近于 0，四点越接近于共面。

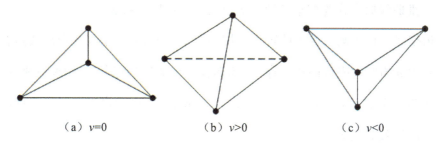

（a）$v=0$　　　　　（b）$v>0$　　　　　（c）$v<0$

图 5-4　四面体几何意义

Fig.5-4　Geometry of volume of tetrahedron

（2）二维曲线曲率。

曲率是曲面的重要几何特征，能够表示测点的局部邻域形状变化，具有平移不变性、旋转不变性和缩放不变性，可以作为曲面特征识别的重要依据。由微分几何可知，空间曲面上各点的曲率及曲率分布，不随曲面位置和方向的变化而变化。

离散曲率估算法分为两种：一是数值法，二是解析法[17, 18]。数值法首先要求将点云数据网格化，基于网格计算测量点的主曲率或主方向。仅仅就三角网格曲面而言，高斯曲率与平均曲率的估算方法在处理海量的点云数据时，会耗费大量的系统资源和时间，构建并存储大量的三角网格和网格间的拓扑关系，不适合在线数据配准的要求。解析法的思路与数值法不同，该方法是在局部坐标系内拟合一张解析曲面，通过曲面的一阶或二阶导数估算曲率，一般使用二次曲面来拟合局部点云模型。三维曲面上曲率的求解较为复杂，对测量误差与采样率影响很敏感，不适合稀疏点云的数据配准。

测量图中条纹曲线的变形取决于物体表面的形状变化，即变形曲线的曲率也反映了被测物体表面特性。而且条纹曲线为二维图像数据，计算简单，适用于实时数据配准系统，并且避免了三维点云获取过程中所引入的测量误差。因此，二维曲线曲率作为搜索参数，可以实现对应区域搜索。

根据线结构光测量数据的特点，用函数 $u = f(v)$ 表示条纹变形曲线拟合函数（其中 u 为图像坐标的横坐标，v 为图像坐标的纵坐标）。在图像纵坐标上，分辨率为一个像素的测量范围，即 $v_{i+1} - v_i = 1\text{pixels}$。图像横坐标对纵坐标的一阶、二阶导数分别为：

$$u' = \frac{\mathrm{d}u}{\mathrm{d}v} = \frac{u_{i+1} - u_i}{v_{i+1} - v_i} = (u_{i+1} - u_i)$$

$$u'' = \frac{\mathrm{d}u'}{\mathrm{d}v} = \frac{u'_{i+1} - u'_i}{v_{i+1} - v_i} = u_{i+2} + u_i - 2u_{i+1}$$

条纹曲线上一点的曲率 k 为

$$k = \left| \frac{u''}{(1 + u'^2)^{3/2}} \right|$$

$$k = \left| \frac{u_{i+2} + u_i - 2u_{i+1}}{[1 + (u_{i+1} - u_i)^2]^{3/2}} \right| \tag{5-7}$$

5.4.2　搜索准则的确定

为了克服在搜索过程中出现的多重对应关系和误判点，对应区域搜索准则有两部分，其一是根据四面体体积和所对应的曲线曲率，确定的主要搜索准则；其二是利用其数据的连续性，确定的体积连续性、法矢连续性与最近点距准则进行精细对应区域搜索。根据构成四面体体积相对偏移量和曲线曲率相关系数的两个几何参数，确定可能的对应区域；再利用数据连续性和点间距离确定精确的对应区域，从而实现初始刚体变换。

在 5.4.1 提出的特征量进行搜索准则为

$$\left| \frac{v_i}{v_j} - 1 \right| \leqslant a \tag{5-8}$$

$$\rho = \frac{\sum_{i=0}^{3} \sum_{j=0}^{3} \left| k_{si} - \overline{k_{si}} \right| \left| k_{tj} - \overline{k_{tj}} \right|}{\sqrt{\sum_{i=0}^{3} (k_{si} - \overline{k_{si}})^2 \sum_{j=0}^{3} (k_{tj} - \overline{k_{tj}})^2}} \tag{5-9}$$

$$\rho \leqslant b \tag{5-10}$$

式中：v 为四面体体积；ρ 为二维曲率的相似系数；k 为测量图二维曲率；a 为体积搜索阈值；b 为曲率搜索阈值，a 和 b 是根据以下的统计分析选取的。

由以上体积参数刚体不变量证明可知，当对应点对为同一个采样点时，体积值在刚体变换过程中不会发生变化。但在实际结构光测量系统中，重叠区域的点对在多数情况下不是对应点，而是相邻点。由于在数据获取过程中存在误差，因此体积值会有一定的偏离。下面分别针对这两种情况进行模拟数据分析，考察体积数据对噪声、刚体变换和扰动（对应点的偏移）的鲁棒性。

假定构成四面体的四点相互独立，噪声为加性高斯白噪声，采样位置的偏移用扰动来模拟。结构光系统对应点采样位置的偏移，来源于数据的稀疏分布。实验系统中条纹结构光的分辨率，反应到测量图中水平方向约为 10pixels，测量距离为 1000mm，径向放大倍数约为 50。本系统是手持被测物体实现表面形状的三维形貌测量，测量场景之间有很大的重叠区域，且具有一定的自由度。因此，扰动仅考虑水平方向上的差异，采用均值为 $a_x = \frac{1}{50} \times 5$ 的高斯信号来模拟。

　　选取四点（0,0,0）、（0,0,1）、（0,1,0）和（1,0,0）构成一四面体，如图5-5（a）所示。在其中一点和四点上加入高斯白噪声，如图5-5（b）所示。在一四面体上各点加入均值为零、方差为σ的高斯白噪声，取 $N \geqslant 1000$ 。观察体积数据受噪声、刚体变换和扰动的影响程度，如图5-5（c）、（d）、（e）所示。

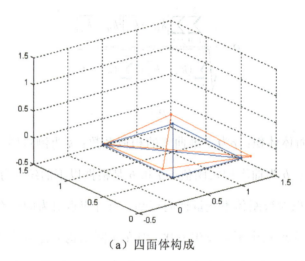

（a）四面体构成

（a）is the constitution of the tetrahedron

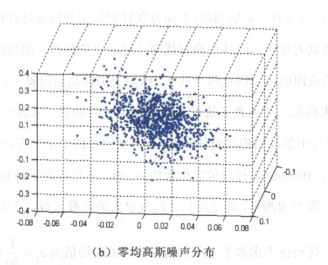

（b）零均高斯噪声分布

（b）is the distribution of Gaussian noise with zero mean

图 5-5　四面体体积受噪声、刚体变换和扰动影响的分布

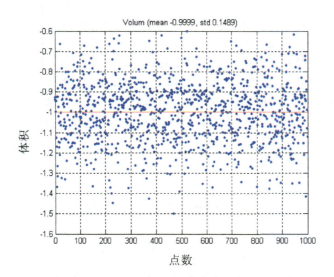

（c）体积数据加入零均高斯噪声的结果

（c）is volume data of tetrahedron when points is added Gauss noise with zero mean

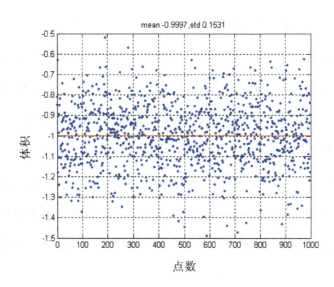

（d）体积数据加入刚体变换的结果

（d）is volume data of tetrahedron when rigid transformation is carried out in points

图 5-5　四面体体积受噪声、刚体变换和扰动影响的分布（续图）

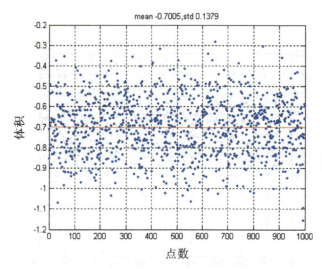

（e）体积噪声加入扰动的结果

（e）is volume data of tetrahedron when points is added disturbance

图 5-5   四面体体积受噪声、刚体变换和扰动影响的分布（续图）

Fig.5-5   Sensitivity of volume of tetrahedron due to noise, rigid transformation and disturbance

如图 5-5（c）、（d）、（e）所示可知，体积数据受到噪声、刚体变换和扰动的影响结果分别为-0.9999、-0.9997 和-0.7005（而理论体积数据为-1）。其中体积数据受到扰动的影响的误差偏差最严重（体积数据的统计均值约为-0.7）。根据以上模拟实验，确定了体积相似系数 a=0.8。一般而言，相关系数为(0.8, 1.0)，相关程度为高度相关。曲率相似系数 b=0.8。

满足式（5-8）和式（5-10）的区域为可能的对应区域，为了进一步精炼测量数据与模型曲面间的对应关系，剔出坏点匹配。根据相邻四面体之间的体积数据连续性、法向量夹角连续性和点间距离连续性关系，建立如下连续性搜索准则：

$$\frac{\left|\left\|v_{i,k} - v_{i,l}\right\| - \left\|v_{j,k} - v_{j,l}\right\|\right|}{\max\left(\left\|v_{i,k} - v_{i,l}\right\|, \left\|v_{j,k} - v_{j,l}\right\|\right)} \leqslant V \qquad (5-11)$$

$$\left\|\overrightarrow{n_{i,k}} \times \overrightarrow{n_{i,l}} - \overrightarrow{n_{j,k}} \times \overrightarrow{n_{j,l}}\right\| \leqslant \varepsilon \tag{5-12}$$

$$\left\|\overrightarrow{d_{i,k}} \times \overrightarrow{d_{i,l}} - \overrightarrow{d_{j,k}} \times \overrightarrow{d_{j,l}}\right\| \leqslant \delta \tag{5-13}$$

根据以上五组搜索准则确定对应的四面体对，再根据欧式距离最小的准则确定对应点对。

5.4.3 初始估计

在 ICP 算法中，初值的选取直接影响到最后的迭代结果。如果所给初值不当，算法就会收敛于局部最小值，不能得到正确的结果。Campbell[19]综述了初值获取的方法：利用扫描控制设备得到两视图之间的粗略值，再在两个视图中交互式地选取相对应的几个点获取初值。在完全自动的系统中，不增加额外的控制设备或者手动移动摄像机或物体时，就需要一种较好的方法，从数据的几何信息中获得两个深度图像之间转换参数的初值。Faugeras[20]提出基于几何特征的视觉技术得到初值，如拐角、折痕、边界、平面等。只要两个图像中存在 3 个以上特征，即可得到转换的初值。所得到的几何特征越精确，计算出来的初值也越好。但是，并不是所有被检测的物体表面上都有明显的几何特征。Besl[21]也提出了许多特征来匹配自由曲面，如椭圆、双曲线、抛物线形式的曲面片，曲率不变的轮廓线、中心点、曲率不连续等特征。但这些几何特征难以可靠地定位，特别是在有噪声的情况下，该方法往往失败，而且利用曲率特征计算耗时较长，不适合在线系统的数据配准。本节采用基于特征点的初始估计，利用 5.4.1 和 5.4.2 中提出的特征量进行对应区域搜索，实现初始估计。

对任意表面的四角面片体积数据进行分析可以发现，一般表面具有连续性，大多具有近似平面的特性。对一复杂表面（人像）的点云数据进行四面体体积计算，并对体积值进行直方图分析，如图 5-6 所示。分析其直方图分布可知，相邻四面体体积大多分布在零附近，在表面形状变换比较大的区域有非零的体积。因此，可借助该特点进行特征点提取。

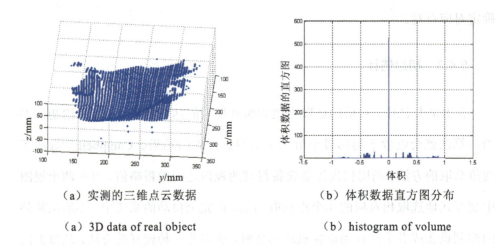

（a）实测的三维点云数据　　　　　（b）体积数据直方图分布

（a）3D data of real object　　　　　（b）histogram of volume

图 5-6　体积直方图分析

Fig.5-6　Histogram of volume

借助直方图信息选取满足条件 $v \in [v_0, v_1]$ 的体积值，其参数 v_0 和 v_1 的选择准则如下：

（1）体积数据非零，体积值的个数也非零（体积数据零值较多，无唯一性；体积值的统计个数较小时，可能是由测量误差的噪声造成的，会引起配准误差）。

（2）选取体积数据值和统计个数适中的数据。

5.4.4　重采样

最近点迭代算法耗时主要集中在对应点的搜索过程中，如果能够把这个步

骤的时间代价减少，即可满足数据配准的实时要求。由 5.2 节分析可知，结构
光系统中得到的点云数据具有任意分布、稀疏且无序储存特征。为了提高点对
搜索速度，在快速搜索前，要先对无序储存的点云数据进行重排和重采样。

根据 3.1.3 可知，结构光系统测量数据垂直方向分辨率取决于成像系统中
每个像素的视场大小，而水平方向的分辨率取决于条纹宽度的视场大小。第 2
章设计的实时编码光包括 48 个条纹边缘，获得的点云数据的水平分辨率大约
为垂直分辨率的 1/10。直接进行对应区域搜索会出现误判和多重对应。所以
为了减少点对的误判和多重对应，提高数据匹配速度和效率，本节根据测量机
理对测量数据进行重排，在垂直方向上重采样，即垂直方向上每隔 10 个测量
点取 1 个坐标点的均匀采样。数据重排和重采样过程如图 5-7 所示。

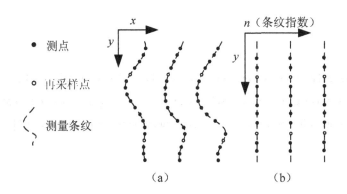

图 5-7　再采样示意图

Fig.5-7　Sub-sampling

5.4.5　改进算法流程

改进的最近点迭代算法分为两步：第一步实现粗略估计；第二步根据粗略
估计的结果，进行迭代估计两场点云数据刚体变换，从而得到精确的点云配准

结果。

改进 ICP 数据配准算法流程说明如下：

Coarse registration

{

    Select overlapping areas in two range images;

    Parameterize two range images;

    {

        Rearrange and subexample point clouds according to acquisition procedure (Section 5.4.4);

        Calculate parameters of invariants (Section 5.4.1);

    }

    Search corresponding points (Section 5.4.2);

    Initial registration (Section 5.4.3);

}

Fine registration

{

    Apply registration with previous results and calculate error function E;

    Search for correspondences in subexampling points using invariants and closest distance;

    Registration iteratively and obtain error function result E' until $|E-E'|<\varepsilon$;

}

5.5　数据配准实验结果

首先对相同的被测物体，在不同位置上的两场数据进行数据配准验证。实验结果如图 5-8 所示，其中被测物体的相关参数详见 6.2.3。对应的刚体变换参数的真实值和计算值的对比数据见表 5-1。数据配准误差的直方图结果如图 5-9 所示。

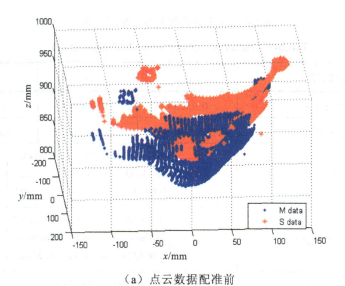

（a）点云数据配准前

（a）is the data clouds of head before data registration

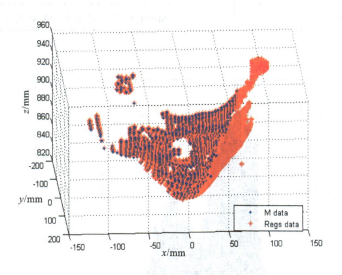

（b）两组点云数据配准结果

（b）is the result after data registration

图 5-8　点云数据配准结果（其中"•"为模型数据，"*"为预配准数据）

Fig.5-8　Head results of data registration

表 5-1　改进数据配准算法精度分析

Tab.5-1　Accuracy of improved ICP algorithms.

参数名称	α	β	γ
旋转角度（理论值）	0.05236	0.07854	0.062832
旋转角度（计算值）	0.052935	0.077968	0.062846
旋转矩阵 $\boldsymbol{R}$（理论值）	$\begin{bmatrix} 0.99145 & -0.13037 & 0.004927 \\ 0.13042 & 0.98948 & -0.0626 \\ 0.003286 & 0.062704 & 0.99803 \end{bmatrix}$		
旋转矩阵 $\boldsymbol{R}$（计算值）	$\begin{bmatrix} 0.99145 & -0.13038 & 0.004892 \\ 0.13043 & 0.98948 & -0.0626 \\ 0.003323 & 0.062716 & 0.99803 \end{bmatrix}$		
平移向量 $\boldsymbol{T}$（理论值）/mm	$\begin{bmatrix} 10 & 20 & 30 \end{bmatrix}$		
平移向量 $\boldsymbol{T}$（计算值）/mm	$\begin{bmatrix} 12.654 & 20.377 & 28.726 \end{bmatrix}$		
数据配准误差/mm	Mean: 0.85, Std: 0.55, Max: 2.95		

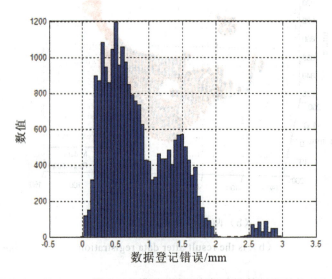

图 5-9　数据配准误差的直方图

Fig.5-9　Histogram of 3D data registration error

从图 5-8 实验结果和表 5-1 精度分析可知，本章提出的改进最近点迭代算法可以得到误差为 0.85mm 的配准结果。估计得出的刚体变换参数中，偏差较大的为平移向量 T，其中在 T_x 和 T_z 上的偏差约为 2mm。从图 5-9 中可以看出，误差主要集中在[0, 2.00mm]中。

下面从定性的角度验证该算法的有效性，对几何体的 7 个视场点云数据进行场景配准（几何体实物参数详见 6.2.1）。选择其中四组数据进行两两配准和多场景配准结果，如图 5-10 所示。

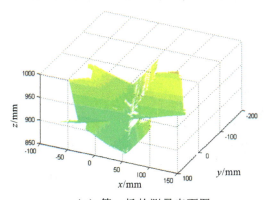

（a）第一场的测量表面图

（a）is the measurement surface of the first view

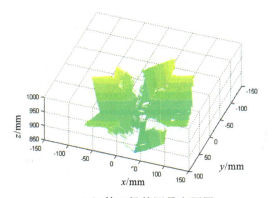

（b）第二场的测量表面图

（b）is the measurement surface of the second view

图 5-10　点云数据配准定性结果

用图 5-6 参数着眼图 5-1 结构光图 5-1(a)，本书提出的配准定量化方法，在全局配准之后，对应配准参数为 0.8589 处的两两配准模型参数见图 5-1(b)，见图 5-6。对应 T, 的位置关系见图。两两配准后的配准参数图 5-6 显示全局变化中有子集合 10, 2.00。

在图 5-6(a)中，结果可以看到，对应配准参数后的图 5-7 模型 p₀ 和位置 x(0)配准，图片的两两配准的参数，这些结果能够反映出图片相配。

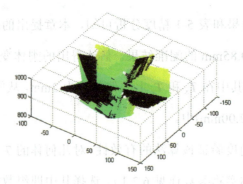

（c）两两数据配准结果（绿色表面图为第一场表面图，黑色表面图为第二场表面图）

（c）is the results of data registration between pairwise view (green surface is from the first view, black surface is from the second view)

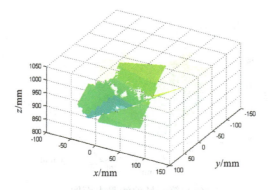

（d）第五场的测量表面图

（d）is the measurement surface of the fifth view

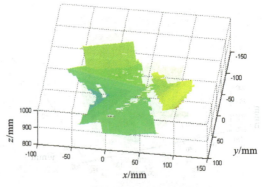

（e）第六场的测量表面图

（e）is the measurement surface of the sixth view

图 5-10　点云数据配准定性结果（续图）

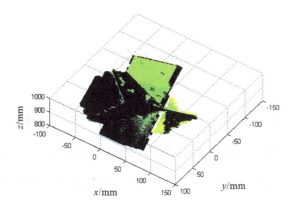

（f）两两数据配准结果（绿色表面图为第五场表面图，黑色表面图为第六场表面图）

（f）is the results of data registration between pairwise view (green surface is from the fifth

view, black surface is from the sixth view)

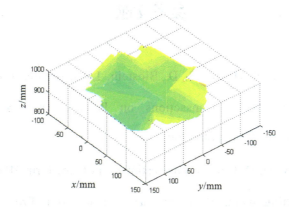

（h）第七场的测量表面图

（h）is the measurement surface of the seventh view

图 5-10 点云数据配准定性结果（续图）

Fig.5-10 Geometric object results of data registration

以上两组实验结果证明了该改进最近点迭代算法，可以得到最大误差为

0.59mm 的配准结果。由于结构光系统的响应速度为 $v<10\text{Hz}$，属于对慢速动态

过程的三维形貌测量，实验证明改进的最近点迭代算法可以满足在线数据配准

的要求。

5.6　小结

　　本章针对条纹结构光系统的测量结果，根据相邻两场间重叠区域较大、分布稀疏以及数据配准的实时要求，提出了改进的最近点迭代算法。该算法以刚体变换不变量（四面体体积）为搜索物理量，利用四面体体积的特性实现了改进算法在实时性和自动初始估计方面的改进。定量实验结果表明，该改进算法可以得到 0.85mm 的配准精度。

参考文献

[1]　K. S. Arun, T. S. Huang, S. D. Blostein. Least-squares fitting of two 3D point sets[J]. IEEE Transactions on Pattern Analysis and Machine Intelligence, 1987, 9(5):698-700.

[2]　J. Tarel, H. Civi, D. Cooper. Pose estimation of free form 3D objects without point matching using algebraic surface madels[C]. Proceeding of IEEE Workshop on Model Based 3D, 1998, 13-21.

[3]　J. Feldmar, N. Ayache. Rigid affine and locally affine registration of free form surfaces[T]. Technical Report of INRIA, Sophia Antipolis, March 1994.

[4]　胡少兴，查红彬，利用轮廓特征的多视点几何数据配准[J]. 系统仿真学报，2007，19(6)：1307-1311.

[5]　D. H. Chung, I. D. Yun, S. U. Lee. Registration of multiple range views

using the reverse calibration technique[J]. Pattern Recognition, 1998, 31(4):457-464.

[6]　K. Brunnstrom, A. Stoddart. Genetic algorithms for free form surface matching[C]. International Conference of Pattern Recognition, 1996, 689-693.

[7]　P. Besl, N. Mckay. A method for registration of 3D shapes[J]. Pattern Analysis and Match, 1992, 14(2):239-256.

[8]　Y. Chen, G. Medioni. Object modeling by registration of multiple range imagee[C]. IEEE International Conference on Robotics and Automation, 1991, 2724-2729.

[9]　Z. Zhang. Iterative point matching for registration of free form curves[T]. Technical Report of INRIA, Sophia Antipolis, March 1992.

[10]　张宗华，彭翔，胡小唐. ICP 方法匹配深度图像的实现[J]. 天津大学学报，2002，35(5)：571-575.

[11]　路银北，张蕾，普杰信，杜鹏. 基于曲率的点云数据配准算法[J]. 计算机应用，2007，27(11)：2766-2769.

[12]　徐金亭，刘伟军，孙玉文. 基于曲率特征的自由曲面匹配算法[J]. 计算机辅助设计与图形学学报，2007，19(2)：193-197.

[13]　M. Greenspan, G. Godin. A nearest neighbor method for efficient ICP[C]. Third International Conference on 3D Digital Imaging and Modeling, 2001, 161-168.

[14]　G. C. Sharp, S. W. Lee, D. K. Wehe. ICP registration using invariant features[J]. IEEE Transactions on Pattern Analysis and Machine Intelligence,

2002, 24:90-102.

[15] H. Chen, B. Bhanu. 3D free form object recognition in range images using local surface patches[J]. Pattern Recognition Letters, 2007, 28:1252-1262.

[16] W. Hamilton. On a new species of imaginary quantities connected with a theory of quaternions[J]. IEEE Transactions of the Royal Irish Academy, 1844, 2:424-434.

[17] P. J. Flynn, A. K. Jain. On reliable curvature estimation[C]. IEEE Computer Society Conference on Computer Vision and Pattern Recognition, 1989, 110-116.

[18] T. Surazhsky, E. Magid, O. Soldea. A comparison of Gaussian and Mean curvatures estimation methods on triangular meshes[C]. IEEE International Conference on Robotics and Automation, 2003, 1021-1026.

[19] R. J. Campbell, P. J. Flynn. A survey of free-form object representation and recognition techniques[J]. Computer Vision and Image Understanding, 2001, 81(2):166-210.

[20] O. D. Faugeras, M. Hebert. The representation recognition and locating of 3D objects[J]. Robotic Research, 1986, 5(3):27-52.

[21] P. J. Besl. The free-form surface matching problem, Machine vision for three-dimensional scenes[M]. Academic, New York, 1990.

第 6 章　实时结构光实验系统

6.1　实时结构光实验系统的构成

基于结构光三维形貌测量方法的快速三维表面数字化系统,需要对系统进行参数标定、图像的条纹提取、点云求解和多场景数据配准等后台处理。系统要有一定的硬件和软件作为支撑,硬件构成如图 6-1 所示。该实时系统对运动物体的响应速度为 $v<10$ 场/s,测量位置距离结构光系统约为 1000mm,三维形貌测量范围大约为 400mm×300mm×200mm,单场三维形貌测量误差均值为 0.334mm,多场三维形貌测量误差均值为 0.85mm。

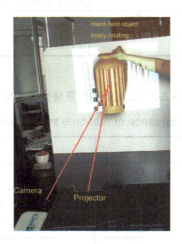

图 6-1　实时结构光系统

Fig.6-1　Prototype of a real-time structured light system with a camera and a projector

6.1.1 系统硬件

实时结构光系统硬件由条纹投影设备、图像采集设备、计算机和辅助设备构成。系统构成硬件参数见表 6-1，实时结构光系统的性能参数见表 6-2。

表 6-1 实时结构光系统设备配置

Tab.6-1 Equipments of real-time structured light system

设备	模型	参数
CCD 摄像机	CoolSNAP cf CCD	CCD 格式：1040×1392 像素：$4.65\mu m \times 4.65\mu m$ 成像区域：$6.4mm \times 4.8mm$ 读取速度：20MHz 最大帧率：125 f/s
摄像机镜头	AVENIA® CCTV&VIDEO LENS SE1616	Focus length of camera f：16.0mm Aperture of camera F：1.6
LCD 投影仪	EPSON EMP-821 LCD	投影速度：20Hz 像素：1024×768 聚焦长度：$f_p \in [24, 38.2]mm$ LCD 显示屏：0.8 inch
计算机	PentiumⅣ®	频率：1.6GHz 内存：256M

表 6-2 实时结构光系统性能参数

Tab.6-2 Performance of real-time structured light system

参数	值
移动物体的允许速度	$f \leqslant 10Hz$
测量精度	单视图精度：±0.5mm 多视图精度：±1mm
测量速度	1.5×10^5 点/s

续表

参数	值
测量距离	$d \approx 1000\text{mm}$
测量区域	300mm×400mm
测量景深	200mm

1. 条纹投影系统

编码光是通过 LCD 投影仪周期性投影到被测物体表面的。

2. 图像采集系统

图像采集系统由 CCD 摄像机（含光学镜头）、图像采集卡和计算机组成。采集到的图像以二进制数据文件的形式存储到计算机硬盘上，计算机应用软件处理系统对采集到的图像进行图像处理得到条纹边缘上点的图像坐标值。

3. 系统辅助设备

系统辅助设备包括标定模板、绘图打印设备及二维工作台等。标定模板和二维平移台被用于系统参数标定中。

6.1.2 系统流程

在实时三维形貌测量系统中，首先由投影仪周期性地发出已编码的结构光，由摄像机获得图像传给计算机，计算机应用二值化和质点算法等各种图像处理的方法，确定条纹边缘；根据编码图上的灰度信息对条纹进行解码，得到条纹编码值和条纹边缘坐标；再根据光平面模型计算出条纹边缘上各点的深度信息。把被测物体表面上不同视场所得到的三维数据，配准到同一坐标系下，得到全视场的、密集的深度图像，然后对深度图像进行实时数据融合和图像描述。实验流程如图 6-2 所示。

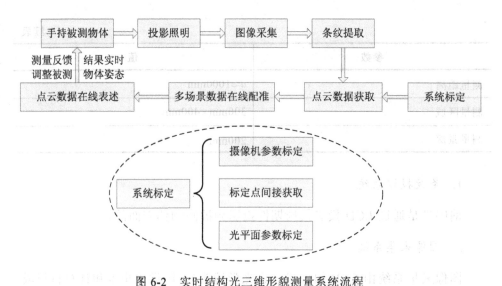

图 6-2　实时结构光三维形貌测量系统流程

Fig.6-2　Processing of real-time structured light system

所构建的实时结构光系统主要由四个部分组成。

1. 结构光系统标定

在结构光系统中，由于已知的三维点很难恰好位于结构光光平面上。因此，三维标定点很难直接获取。标定点的求解借助一些已知特征点，利用交比不变原理求解得到标定点，实现结构光系统参数的标定。

2. 运动物体的三维扫描

对摄像机得到的两帧图像，先通过二值化、条纹质心算法等图像处理方法进行条纹边缘追踪，得到可视边缘。利用两帧图像上的时间相关性，从编码图中识别出条纹图。根据两幅图像上边缘两边条纹的灰度（黑和白）进行解码，从而得到每个边缘的编码值（由一个 4 位的二进制码和空间周期数构成）和条纹边缘坐标。根据解码所得的条纹编码值、边缘坐标值，求解出投影到物体表面上的条纹边缘点的空间坐标。

3. 数据的快速配准

针对实时结构光系统中点云数据的稀疏特点和在线配准的要求,从特征量的选取、算法的实时性和自动初始估计三方面改进传统的最近点迭代算法,实现了数据的在线配准。

4. 点云数据的在线表述

点云数据根据线结构光系统的三维形貌测量机理,对点云进行相邻三角点的搜索,从而实现快速三角表面化,可实时显示三维形貌测量结果,完成物体表面的三维形貌测量。本书不涉及后期点云处理和物体表面的三维建模。

6.2　实验结果

在实际应用中,被测对象往往是各种曲面的复杂对象,为此,实验选取了规则表面和自由复杂表面的对象。本节以几何体、女孩头像和少年石膏头像为对象,验证本书在研究内容的基础上,开发时空周期条纹投射的实时结构光三维形貌测量系统的实用性和有效性。

6.2.1　几何体三维形貌测量结果

几何体是具有规则表面的物体,其几何尺寸为 205mm×205mm×120mm。它的特点是表面多为规则平面构成;含有大斜率坡度,三维形貌测量过程中容易出现阴影干扰,因此该物体条纹图像中含有局部镜面强反射区域、阴影和暗背景等。单场景数据无法得到所需的密集、完整的坐标数据。通过手持被测物体,从多个视角下获得六个视场的数据,如图 6-3 所示。图 6-3(a)为六个视场的测量序列,图 6-3(b)～(g)为六个视场的测量结果(包括条纹提取结果、得到的点云数据和表面图）。

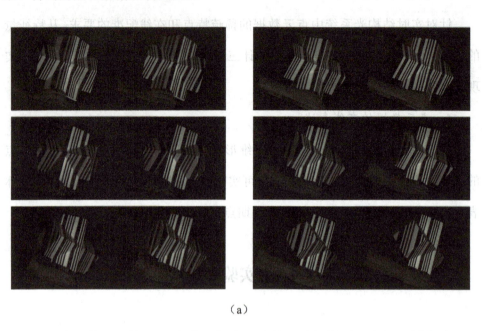

（a）

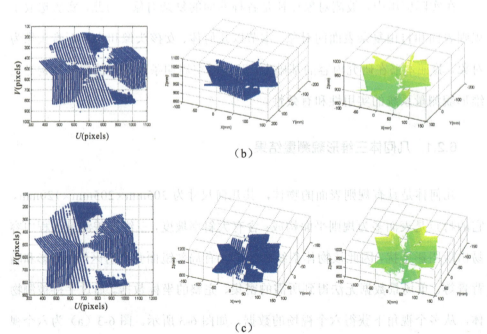

（b）

（c）

图 6-3　几何体多场景三维形貌测量结果

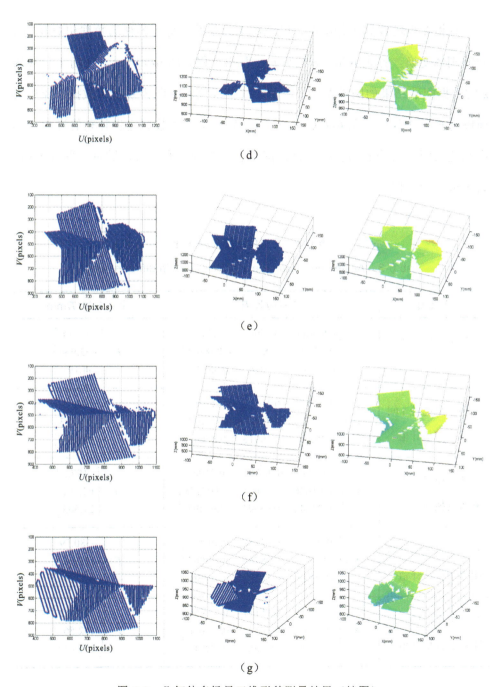

（d）

（e）

（f）

（g）

图 6-3　几何体多场景三维形貌测量结果（续图）

Fig.6-3　Results of geometry in multiview

对相邻视场数据进行配准，以视场 1 为基准，得到各视场数据相对视场 1 间的刚体变换，见表 6-3，密集数据获取的过程如图 6-4 所示。视场 1 和视场 2 的数据配准结果如图 6-4（a）所示，其中浅色表面图为视场 1 数据，深色表面图为视场 2 数据。图 6-4（b）~（e）显示了多场数据逐步补充的过程，其中浅色表面为已获取的表面数据，深色表面为预补充的表面数据。图 6-4（f）表示最终的数据获取结果。

表 6-3　几何体配准参数估计

Tab.6-3　Allignment parameters of geometry in different view

变换项	旋转矩阵 $\boldsymbol{R}$	平移向量 $\boldsymbol{T}$/mm
视场 1 和视场 2 间刚体变换估计值	$\boldsymbol{R}=\begin{bmatrix} 0.94869 & -0.15066 & -0.27802 \\ 0.17489 & 0.98248 & 0.064382 \\ 0.26345 & -0.1097 & 0.95842 \end{bmatrix}$	$\boldsymbol{T}=\begin{bmatrix} 262.74 \\ -53.964 \\ 44.191 \end{bmatrix}$
视场 1 和视场 3 间刚体变换估计值	$\boldsymbol{R}=\begin{bmatrix} 0.8561 & -0.16471 & -0.48986 \\ 0.24028 & 0.96603 & 0.095107 \\ 0.45755 & -0.19913 & 0.8666 \end{bmatrix}$	$\boldsymbol{T}=\begin{bmatrix} 462.95 \\ -81.393 \\ 133.93 \end{bmatrix}$
视场 1 和视场 4 间刚体变换估计值	$\boldsymbol{R}=\begin{bmatrix} 0.97545 & 0.064394 & 0.21061 \\ -0.05026 & 0.99615 & -0.07178 \\ -0.21442 & 0.05943 & 0.97493 \end{bmatrix}$	$\boldsymbol{T}=\begin{bmatrix} -197.5 \\ 62.561 \\ 21.505 \end{bmatrix}$
视场 1 和视场 5 间刚体变换估计值	$\boldsymbol{R}=\begin{bmatrix} 0.90756 & 0.11828 & 0.40292 \\ -0.0663 & 0.98784 & -0.14065 \\ -0.41466 & 0.10093 & 0.90436 \end{bmatrix}$	$\boldsymbol{T}=\begin{bmatrix} -380.59 \\ 127.86 \\ 87.629 \end{bmatrix}$
视场 1 和视场 6 间刚体变换估计值	$\boldsymbol{R}=\begin{bmatrix} 0.832 & 0.15117 & 0.53378 \\ -0.07194 & 0.98343 & -0.16638 \\ -0.55009 & 0.1003 & 0.8291 \end{bmatrix}$	$\boldsymbol{T}=\begin{bmatrix} -502.22 \\ 152.56 \\ 159.61 \end{bmatrix}$

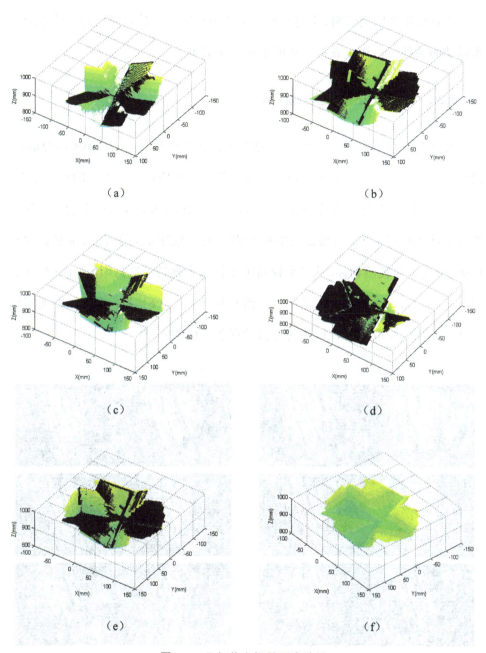

图 6-4　几何体多场景配准结果

Fig.6-4　Data registration results of geometry in multiview

几何体实验结果表明，实时结构光系统可以在对手持被测物体无约束地慢速运动的条件下，逐步获得密集的表面三维数据。

6.2.2　头像 1 三维形貌测量结果

女孩头像是具有复杂自由表面的物体，其几何尺寸为 265mm×145mm×120mm。它的特点是表面多为复杂无规则的平面构成；含有大量的纹理细节，三维形貌测量过程中容易受到纹理干扰，因此，在物体条纹图像中含有局部不连续区域和暗背景等。单场景三维形貌测量无法得到所需的密集、完整的坐标数据。通过手持被测物体，从多个视角下获得六个视场的数据（如图 6-5 所示）。图 6-5（a）为六个视场的测量序列，图 6-5（b）～（e）为六个视场的测量结果（包括条纹提取结果、得到的点云数据和表面图）。

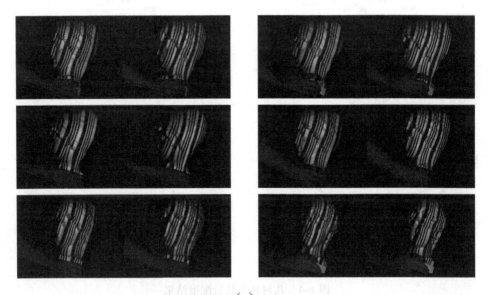

（a）

图 6-5　女孩头像多场景三维形貌测量结果

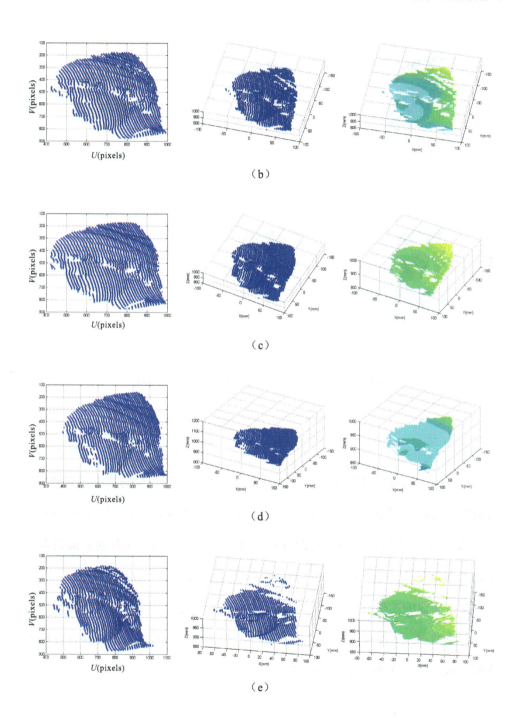

图 6-5 女孩头像多场景三维形貌测量结果（续图）

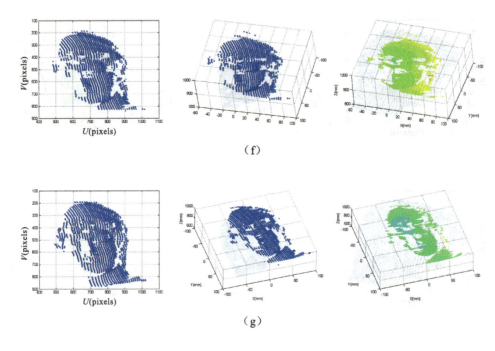

（f）

（g）

图 6-5　女孩头像多场景三维形貌测量结果（续图）

Fig.6-5　Results of girl head in multiview

　　对相邻视场数据进行配准，以视场 1 为基准，得到各视场数据相对视场 1 间的刚体变换，见表 6-4。密集数据获取的过程如图 6-6 所示。图 6-6（a）～（c）显示了多场数据逐步补充的过程，其中浅色表面为已获取的表面数据，深色表面为预补充的表面数据。图 6-6（d）表示最终的数据获取结果。

　　女孩头像的实验结果表明，所建立的实时结构光系统可以逐步获得密集的表面三维数据，实现对一些复杂表面的三维形貌测量。但对于一些具有纹理干扰的区域，仍存在着一定的局限性。

表 6-4 头像 1 配准参数估计

Tab.6-4 Allignment parameters of girl head in different view

变换项	旋转矩阵 *R*	平移向量 *T*/mm
视场 1 和视场 2 间 刚体变换估计值	$R = \begin{bmatrix} 0.99969 & 0.020829 & -0.013401 \\ -0.020472 & 0.99945 & 0.026237 \\ 0.01394 & -0.025955 & 0.99957 \end{bmatrix}$	$T = \begin{bmatrix} 16.801 \\ -20.815 \\ -0.080197 \end{bmatrix}$
视场 1 和视场 3 间 刚体变换估计值	$R = \begin{bmatrix} 0.9952 & -0.056647 & -0.079846 \\ 0.061437 & 0.99637 & 0.058867 \\ 0.076221 & -0.06349 & 0.99507 \end{bmatrix}$	$T = \begin{bmatrix} 87.356 \\ -51.269 \\ 1.7636 \end{bmatrix}$
视场 1 和视场 4 间 刚体变换估计值	$R = \begin{bmatrix} 0.97062 & 0.11202 & 0.21296 \\ -0.10208 & 0.99313 & -0.057141 \\ -0.2179 & 0.033723 & 0.97539 \end{bmatrix}$	$T = \begin{bmatrix} -203.34 \\ 54.985 \\ 26.688 \end{bmatrix}$
视场 1 和视场 5 间 刚体变换估计值	$R = \begin{bmatrix} 0.91201 & 0.28762 & 0.29241 \\ -0.25741 & 0.95641 & -0.13789 \\ -0.31933 & 0.050487 & 0.9463 \end{bmatrix}$	$T = \begin{bmatrix} -290.33 \\ 135.02 \\ 55.975 \end{bmatrix}$
视场 1 和视场 6 间 刚体变换估计值	$R = \begin{bmatrix} 0.91661 & 0.28794 & 0.27734 \\ -0.27255 & 0.9576 & -0.093403 \\ -0.29247 & 0.010025 & 0.95622 \end{bmatrix}$	$T = \begin{bmatrix} -282.51 \\ 100.37 \\ 49.809 \end{bmatrix}$

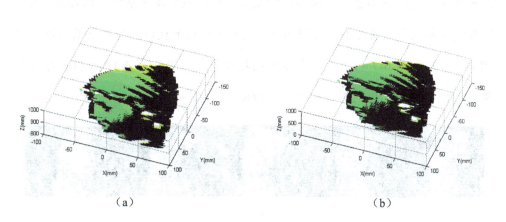

（a）　　　　　　　　　　（b）

图 6-6 女孩头像多场景数据配准结果

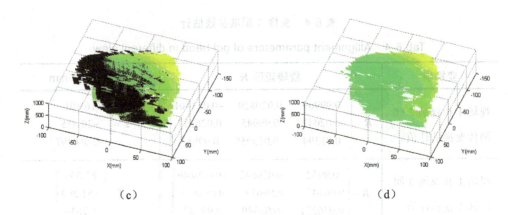

（c）　　　　　　　　　　　　　（d）

图 6-6　女孩头像多场景数据配准结果（续表）

Fig.6-6　Data registration results of girl head in multiview

6.2.3　头像 2 三维形貌测量结果

男头像也是具有复杂自由表面的物体，其纹理变化比女孩头像变换缓慢，但包括一些凸凹区域（如鼻子、眼睛、嘴等）、边缘特征（耳朵）和大量的纹理细节（眼睛周围区域），其几何尺寸为 270mm×183mm×233mm。该物体条纹图像中含有局部不连续区域和暗背景等。单场景数据无法实现所需的密集、完整的坐标数据。通过手持被测物体，从多个视角下获得五个视场的数据，如图 6-7 所示。图 6-7（a）为五个视场的物体姿态，图 6-7（b）～（f）为五个视场的测量结果（包括所得到的点云数据和表面图）。

（a）

图 6-7　头像 2 多场景三维形貌测量结果

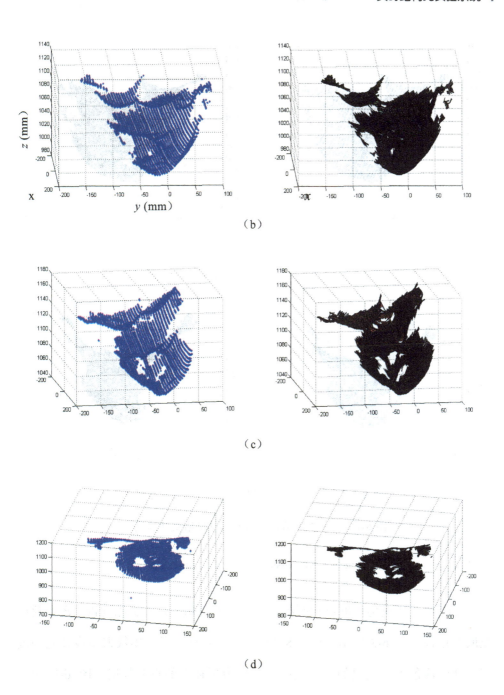

图 6-7　头像 2 多场景三维形貌测量结果（续图）

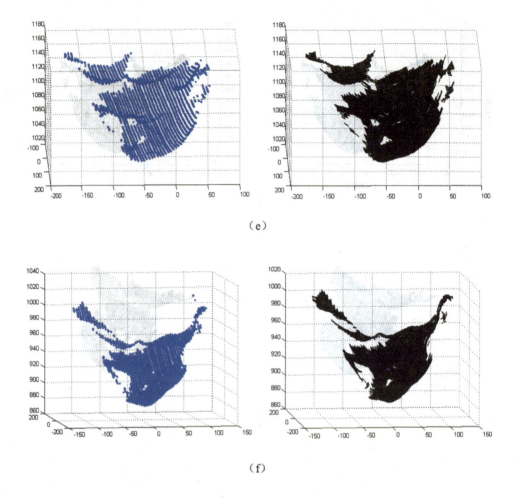

（e）

（f）

图 6-7 头像 2 多场景三维形貌测量结果（续图）

Fig.6-7 Results of boy head in multiview

对两两相邻视场数据进行配准，以视场 3 为基准进行数据配准。密集数据获取的过程如图 6-8 所示。图 6-8（a）～（c）显示了多场数据逐步补充的过程，其中浅色为已获取的点云数据，深色为预补充的点云数据。图 6-8（d）表示最终获取结果的表面图。

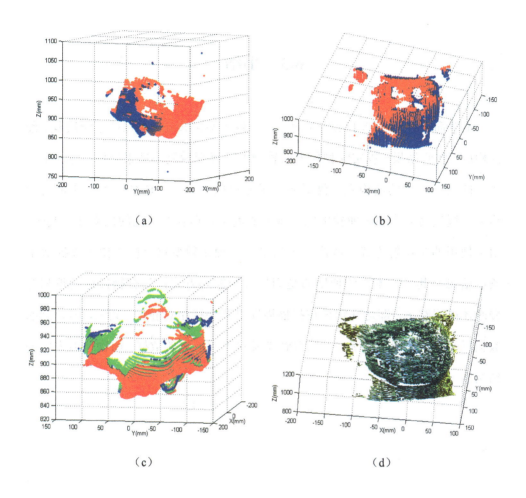

图 6-8　头像 2 多场景数据配准结果

Fig.6-8　Data registration results of boy head in multiview

　　男头像实验结果表明，所建立的实时结构光系统可以逐步得到较为完整的表面信息，但眼角和鼻子的边缘区域仍出现了一定的数据缺失。增加获取视场的次数能获得更为密集的物体表面数据，同时增加了配准过程中的累积误差。

6.3　小结

　　本章简要介绍了基于结构光的实时三维形貌测量系统，包括系统流程、硬件构成、实测结果。以实际物体表面轮廓的三维形貌测量结果为例，验证了所研究的动态场景的结构光三维形貌测量系统的可靠性。该系统可以实现对无约束、慢速运动物体表面轮廓的三维形貌测量，但存在一定的局限性。其一，由于使用的是反射方式，就决定了场景的纹理必须变化缓慢以便可以提取出条纹信息；其二，本系统使用的是周期时空编码方式，只有物体运动得相对慢时才能跟踪上，即运动物体在扫描周期里要保持相对静止；其三，所得到的数据只来自于可见的区域，不能得到光源看不到区域的数据，如物体内表面的结构。